U0528286

读/史/思/廉系/列/丛/书

清风传家

左连璧 ◎ 著

辽宁人民出版社

© 左连璧　2024

图书在版编目（CIP）数据

清风传家 / 左连璧著 . — 沈阳：辽宁人民出版社，2024.1（2025.5 重印）

（读史思廉系列丛书）

ISBN 978-7-205-10968-4

Ⅰ . ①清… Ⅱ . ①左… Ⅲ . ①家庭道德—中国—通俗读物 Ⅳ . ① B823.1-49

中国国家版本馆 CIP 数据核字（2023）第 236704 号

出版发行：辽宁人民出版社
　　　　　地址：沈阳市和平区十一纬路 25 号　邮编：110003
　　　　　电话：024-23284191（发行部）　024-23284304（办公室）
　　　　　http：//www.lnpph.com.cn
印　　刷：河北朗祥印刷有限公司
幅面尺寸：145mm×210mm
印　　张：8
字　　数：160 千字
出版时间：2024 年 1 月第 1 版
印刷时间：2025 年 5 月第 3 次印刷
责任编辑：赵维宁　蔡　伟
封面设计：琥珀视觉
版式设计：一诺设计
责任校对：吴艳杰
书　　号：ISBN 978-7-205-10968-4
定　　价：32.00 元

序 言

  2022年10月16日,习近平总书记在中国共产党第二十次全国代表大会上的报告中指出:"坚持党性党风党纪一起抓,从思想上固本培元,提高党性觉悟,增强拒腐防变能力,涵养富贵不能淫、贫贱不能移、威武不能屈的浩然正气。"这是习近平总书记再一次引用中国古代典籍中的古语,谈拒腐防变问题,教育我们的干部要廉洁从政、廉洁为官。

  可以说,了解我国古代优秀廉政文化,可以给人以深刻启迪,从精神层面循循导入,培养崇德尚廉、崇廉拒腐的精神,在心底牢牢筑起一道反腐败的思想防线。秉承这一理念,本书作者通过阅读多部典籍,剖析多个廉吏的心路与事迹,写出了多篇赞美清廉、鞭笞贪贿的文章。2018年9月、2021年2月,曾出版文集《读史思廉》《历史的镜像》。几年来，这两部文集，尤其是《读史思廉》受到多家单位和广大读者的好评，普遍认为书中的文章短小，易看好读，以史为鉴，读史明智，说古论今，启人思考，是开展廉政教育的辅助读物。

笔者将近年来所写的文章重新整合，最终编辑成这套"读史思廉"系列丛书，共有四部，分别是《廉洁为官》《清风传家》《直官断案》《公允判牍》，再次奉献给广大读者。希望以此为弘扬古代优秀廉政文化，促进当代反腐倡廉建设添砖加瓦，再出一把力。

左连璧
2023 年 11 月

目 录

001　**序言**

001　遗德不遗钱
004　管好家人要来真的
007　"子贫母喜"为哪般
011　聚书以贻子孙
014　私人藏书对读者开放之先河
016　书籍"好之无伤也"
020　只把清白留后人
023　岳麓书院讲堂一瞥
028　须臾不离"忠恕"两个字
032　从"奉公不挠"看源氏家风
036　读张奂《诫兄子书》

040	为官纵妻贻害大
043	恶劣家风酿祸端
047	美德传后的启示
050	"一"字面前有远见
053	廉吏抵制"任人唯亲"之启示
056	傅昭巧拒礼
059	古人劝学有讲究
062	"以官物遗我"不喜反忧
065	漫话"一字师"
068	列之绘素,目睹而躬行
071	成语中的西汉廷尉众生相
078	曹操为《孙子兵法》写序作注
081	漫话石经
085	古人强化记忆有妙招
088	范晔自述《后汉书》的论与赞
091	同心之言,其臭如兰
095	受一方之寄,岂可不劳
098	常怀"为民之一心"

100	守住清平明察至
103	为政当志在必为
106	官得其人，民方妥安
109	厚德载物
111	万古官箴"两为耻"
114	为政常思"忠、信、敢"
117	生亦清廉，死亦淡泊
	——武侯墓观瞻记
125	实话实说，魅力无穷
128	古代官员问政趣事
131	"无一刻离书"的亭林先生
134	编蒲抄书终成器
138	古人专注读书二三事
142	借书攻读终成才
146	树叶上写就的传世之作《辍耕录》
148	马背囊中孕"鬼才"
151	古代读书人的别号颇有情趣
155	诸葛亮与"四友"的读书情志

160	品味唐诗里的"括图书"
164	读书妙招"三"字里藏
167	刘备遗诏教子多读书
171	家诫书
182	王修教子情意长
189	秉公绝私藉"五德"
193	永久奋斗不停歇
196	古人苦学的标志性形象集锦
202	巧藉亮光苦读书
204	诸葛亮子孙皆英烈
210	至理名言启后人
218	孔明"自夸"谨慎而已
223	诸葛亮事必躬亲辩
228	生命不息，奋斗不止
	——五丈原诸葛亮庙游记
235	遗子黄金满籯，不如一经
238	由赵云之子临阵战死说开去
243	隐士教子　别有洞天
246	吕飞鹏教子有方

遗德不遗钱

唐代开元年间的宰相张嘉贞,学识渊博,决断敏速,清廉自守,治政严肃,深受官吏的敬畏,堪称一代名相。然而,读《旧唐书·张嘉贞传》,给人印象最深的却不是他的累累政绩,而是他对于自己为什么一生清廉不贪不占的诠释。

《张嘉贞传》载:"嘉贞虽久历清要,然不立田园。及在定州,所亲有劝植田业者,嘉贞曰:'吾忝历官荣,曾任国相,未死之际,岂忧饥馁?若负谴责,虽富田庄,亦无用也。比见朝士广占良田,及身没后,皆为无赖子弟作酒色之资,甚无谓也。'闻者皆叹伏。"这段话的大意是,张嘉贞虽然官至宰相,但从不经营田园家宅。面对他人的劝说,他答道:"我曾经做过宰相,只要没有死,就不用担心饥寒。如果犯下罪行,即使广有田产,也会被抄没。士大夫常常喜欢置办田宅,死后都给不肖子孙做了酒色之资。我才不干这种蠢事!"

古代廉吏类似张嘉贞的上述语言多的是,但掏心掏肺,说得如此实在与直白,如此透彻与细腻,张嘉贞可谓无人能比。

剖析张嘉贞的语言，他依次递进地表达了三层意思：一是用不着。只要身体无恙，高官当着，厚禄拿着，这辈子衣食是用不着发愁的，根本就用不着自己又是忙于做官又是经营产业。二是保不住。如果当官不尽职尽责，或是犯了罪，即使私下经营产业收获再丰，积累财富再多，到时候也都要被查抄了去，产业再多又有什么用处？三是贻害后代。纵观以往的士大夫们，经营产业家产殷富者大有其人，其结果还不是自己死了以后，那些财产都被晚辈不肖子孙当作了无度挥霍之资。正是有如此深邃之见，张嘉贞的家风淳、教子严，使得张氏家族世代昌盛，其子张延赏、其孙张弘清也官至宰相。唐代文学家李肇称："张氏嘉贞生延赏，延赏生弘清，国朝以来，祖孙三代为相，惟此一家。"《旧唐书·张延赏传》载："时号'三相张氏'。"固然不能仅以世代得做高官，就对张嘉贞的上述论述褒奖有加，但总比那些后代子孙凭借先人的大笔遗财胡作非为瞎折腾，害人害己害社会，要好得多吧？

  张嘉贞的上述论述，用不着任何修饰，拿到今天来也照样管用。为官一定要清廉干净，从维护国家和党的利益，从维护政府的公信力，从维护人民的根本利益，总之从大的方面讲，那都是必须的。其实，从个人、家庭和子孙后辈讲，即完全站在自己的角度上来扪心揣度，为官也一定要清廉干净。用不着、保不住、贻害后代，张嘉贞的三个论点，还是很有道理的。现今不论官职大小，薪水虽然不多还是够花的，直至退休也都是有保障的，于薪水之外再去伸手贪贿，且又贪得无厌，实在没有那个必要。那些大小老虎硕鼠，昨日还是家产万贯，东窗事发被查被抄，一夜之间原本的家产家资，全都充当了贪腐的罪证。教训还不够深刻吗？

至于为子孙后辈留点啥，"遗钱不如遗德"，古训早已有之。汉代的太子太傅疏广，就说过"贤而多财，则损其志；愚而多财，则益其过"。张嘉贞又一次论证了留钱留财的弊端，可谓振聋发聩。如真想为子孙计，不妨好好学学张嘉贞，留下一个清廉干净的好形象、好品德、好智慧。果真如此，后世的昌盛是必然的，谁想挡都挡不住。

管好家人要来真的

宋代的吴元扆,虽史上有传,名气却不大,知道他的人不多,但看了《宋史·吴元扆传》和清代毕沅《续资治通鉴》的有关章节,对这个人就会立马肃然起敬。他为了保持廉洁本色,严格约束家人,防患于未然,堪称典范,很值得今天的领导干部们去学习和效法。

《续资治通鉴》第二十八卷载:武胜节度使、驸马都尉吴元扆,为人纯笃恭谨谦逊,在藩镇有爱民之心,待宾客有礼,做事小心有礼貌,所到之处能约束部下,未曾违法越规,自身清简朴素,没有声色犬马之好,所得俸禄和赏赐,皆分给家族中的孤寡贫穷者。受诏令做徐州知州前,请求皇上召见,说:"臣的家族成员很多,其中胜任做官的都已奏报举荐过,没做官的臣都匀出俸禄赡养。公主有个奶妈,能够进入宫中参见,恐怕臣下离开之后,会有人托她提出要求,希望陛下不要接受。"宋真宗赵恒很赞赏他的贤良。

吴元扆的妻子是宋太宗赵匡义的女儿蔡国公主,后改封为魏国公主。吴元扆婚后就住在公主府宅。魏国公主与宋真宗赵恒是兄妹,魏国公主的奶妈,与儿时的赵恒又很熟悉,公主的奶妈当然可以自由来往于宫中。宋太宗淳化元年(990)魏国公主去世,但公主的奶妈却一直与吴元扆一起生活。宋真宗景德三年(1006),吴元扆被派任徐州知州。吴元扆清醒地认识到,自己离家赴任后,那些世俗小人,有可能趁此时机打奶妈的主意,求她向皇上进行请托,因此管住奶妈就是管住了关键,而直接面告皇帝则从根上切断了奶妈受人之托假借自己名义提出种种要求的可能性。为此,吴元扆做了三件事,以彻底堵死奶妈和其他家人受人请托收受贿赂之门:一是赴任前严格要求和约束奶妈与其他家人,二是向皇上开诚布公地申明自己不会有任何请求,三是请皇上也不要接受奶妈提出的任何请求。正是这些实在管用的举措,才成就了吴元扆一生的清廉。看来,一名领导干部要想管好配偶和家人,那就必须来真的。

而眼下揭露的那些贪官,好多是自己倒台了,配偶、子女也都跟着栽进去了。这里当然不乏贪官与其配偶联手干坏事的。如让配偶开个所谓的公司,专门卖那些高档货,让有意请托行贿者去购买,或者干脆只交钱不提货,实际上就是变相送钱给配偶;来了贵客本应领导出面,却推说自己忙,让配偶出来作陪,便于收受下属的钱物,自己装作啥也不知道;让配偶在家中当"看门神""把家虎",凡来人先行接待,视"礼物"的轻重,再决定领导出不出面;更有甚者,一有干部要变动、重大利好的工程招投标等消息,先由配偶向有关人员进行渗透"点步",以便收受多人的贿赂;"夫妻店"贪得足够多了,径直把配偶、子女弄出国"享福"去了，自己留在国内，大玩"裸官"游戏。也有些干部可能自己还没有演变到一定程度，是配偶及家人的贪得无厌，才促其一步一步越陷越深，不可自拔。难怪知情人对有的贪官倒台，不无惋惜地说，都是被他配偶害的，整天逼着他弄钱弄物，受贿多少也不知足。更有些干部完全是被老婆及家人，背后打着这位干部的旗号，接受人家的请托收受贿赂，由不知情到知道后无法管控，而最终走上犯罪道路的。看来，官员与其配偶及家人，向来是一荣俱荣、一损俱损的关系。官员要想保持廉洁本色，就必须像吴元宸那样，不仅自己做到清廉如玉，还要真心实意地约束好配偶及家人，要向有关人士直至上级领导打好招呼，配偶及家人以自己名义无论请托什么事情都不算数，未雨绸缪，防患于未然。否则自己做得再好，对配偶及家人的管理，不来点实的，不动真格的，结果配偶及家人在背地里不争气，瞎胡来，这样的官员也不配享有清廉官员的名声。其实，切实管好配偶、子女及身边工作人员，是党中央对各级领导干部的一贯要求。党的十八大以来，随着党的群众路线教育和整治"四风"的深入开展，应该说这项要求更加严格更加具体了，它已成为领导干部政治生活中的重要内容。从某种意义上讲，领导干部管好家人与管好自己一样重要，要敢于在家人及亲属问题上向私心和私情开刀，要把配偶及家人可能出问题的那些关键环节看住管好，真正尽到领导干部应有的责任。当然，对那些与配偶及家人合伙干坏事的官员，则另当别论，对他们发现一个惩治一个就是了，且要一网打尽，绝不能心慈手软。

"子贫母喜"为哪般

史上不乏母亲教育儿子廉洁为官的,唐代的崔玄暐,是武则天年间的宰相,为官一贯清廉耿介,为老百姓做了不少好事,可以说其廉洁品格就是他母亲教诲的结果。

《旧唐书·崔玄暐传》载:其母卢氏尝诫之曰:"吾见姨兄屯田郎中辛玄驭云:'儿子从宦者,有人来云贫乏不能存,此是好消息。若闻赀货充足,衣马轻肥,此恶消息。'吾常重此言,以为确论。比见亲表中仕宦者,多将钱物上其父母,父母但知喜悦,竟不问此物从何而来。必是禄俸余资,诚亦善事。如其非理所得,此与盗贼何别?纵无大咎,独不内愧于心?孟母不受鱼鲊之馈,盖为此也。汝今坐食禄俸,荣幸已多,若其不能忠清,何以戴天履地?孔子云:'虽日杀三牲之养,犹为不孝。'又曰:'父母惟其疾之忧。'特宜修身洁己,勿累吾此意也。"玄暐遵奉母卢氏教诫,以清谨见称。

上述记载,笔者以为包括三层含义:一是从宦子贫乏母喜悦。崔母卢氏曾告诫他说:"我曾听姨兄屯田郎中辛玄驭说:'儿子做官的，有人来说他贫穷得无法生活，这是好消息。如果听说他钱财充足，穿着轻软的袭，骑着肥壮的马，这便是坏消息。'我平时很重视这些话，认为这是确切不疑之论。"二是官员贪贿就与强盗无异。崔母卢氏说，近来看见亲戚中做官的，多将钱物送给他们的父母，而父母只知道高兴，竟不问这些财物从何而来。如果真是俸禄剩下来的钱，的确是好事；如果是不正当的收入，这与盗贼又有什么区别？即使不带来大的灾祸，难道心里不感到惭愧？三是尽忠清廉才能立于天地之间。崔母卢氏引用三国时孟仁的母亲不接受儿子送她腌鱼的典故，教育儿子应当如何来尽孝道。(《三国志·三嗣主传》引《吴录》曰：吴国司空孟仁，早年曾"为监池司马。自能结网，手以捕鱼，作鲊寄母。母因以还之，曰：'汝为鱼官，而以鲊寄我，非避嫌也。'")卢氏说，你今天坐食国家俸禄，已够荣幸的了，如果不能尽忠清廉，又凭什么立身于天地之间？孔子说："即使每天杀牛、羊、猪来奉养父母，还是不够孝顺。"又说："做父母的只担心儿子的疾病。"你尤其应当修身养心，保持廉洁，不要违背我这番心意！崔玄暐谨从母教，官职越来越高，直至升为同凤阁鸾台平章事即宰相，却性情耿直，清廉如玉，从不私下接受官员请托，多次受到武则天的盛赞。

崔玄暐的母亲卢氏，显然对崔氏家族清廉为宦家风的生成，起了关键作用。史载崔氏家族及子孙非常昌盛，崔玄暐弟崔升，官至尚书左丞；子崔琚，颇有文才；孙崔涣，官至御史大夫；曾孙崔郾，为监察御史。且各个都廉洁自守，好评颇多。这里并不是说谁的子孙都能当官就表明谁的家风好，但子孙都能当一个廉洁为民的好官,总不能说人家的家风不好吧?有人曾说过,一个好母亲,能庇佑这个家庭从丈夫、儿女到孙子辈的三代人。看来此话不错,从卢氏的经历看,何止是三代呀!其实好的家风是全家人德行积累的结果,对子女健康成长关系甚大,它能帮助把好人生首道关口,为初心定好基调,基础打得牢,以后就不至于轻易改变。其中作为长辈的父母,对形成好的家风自然责任最大。从眼下揭露出的贪腐官员看,家风好的不多,更多的是全家老小齐上阵,围绕捞钱积财的"大目标",配偶、儿女,甚至亲戚都过来忙活,有负责透风"点步"的,有负责受贿收钱的,有负责藏匿钱物的,还有人前假装正经的,总之"分工精细明确,所做恰到好处",令人瞠目结舌。如有的官员分管城建,就让配偶开办所谓的建材公司,儿女则搞建筑承包,以便从采买进料到开工建设,一包到底,一览无余,肥水不流外人田。如有的官员冠冕堂皇,收钱事宜一律交由配偶、子女来办。甚至在有的地方和单位,盛传只要能给首长夫人送到位,让她"吃饱喝足",事情就成了一大半的说法。随着贪腐官员的落马,参与其贪腐活动的家庭成员也纷纷身陷囹圄,可谓"家破人亡",可悲可叹。倡导领导干部要把家风建设摆在重要位置,要做的工作很多,但要突出主要矛盾,要从领导干部自身抓起,廉洁修身持家教子,自身行得正做得好,才能对家庭成员进行有效的说教和管控,逐步形成一个好的家风,并世代传承下去。要对家风好的领导干部大力表彰宣扬,以正压邪,使那些一人当官,家庭成员便鸡犬升天,官当得越大,全家族人员都可享受"人间天堂"般的日子的官员，成为过街老鼠，臭不可闻。在考核选拔领导干部的条件和程序中，要加进对家风状况的了解和分析内容，尽可能地到被考核对象的左邻右舍，做些细致的调查走访，对那些家风不好的，坚决拿下，绝不提拔，更不能让这样的人越升越高，使其有朝一日得以祸害一方水土。

聚书以贻子孙

粗读典籍发现,古代的廉吏能臣,除了不将钱财留给子孙外,他们留给后辈的高尚品德可谓多多,有遗下精忠报国之志的,有把清白为官传后的,也有留下世代相传美好家风的。宋代的宋珰,则是只把自己多年积攒聚集的书籍,传给了子孙。

《宋史·宋珰传》载:"珰性清简,历官三十年,未尝问家事,惟聚书以贻子孙。且曰:'使不忘本也。'"说的是,宋珰崇尚清廉俭朴,为官30年,未尝顾及家事,一心操劳国事。唯独酷爱聚书,亦好抄书,每一任职届满,载书数千卷以归,意在以贻子孙。宋珰称其目的是,使子孙"不忘本也"。

所谓不忘本的"本",笔者的粗浅理解是,从字面上看,是不要忘记看书学习,道理很简单,人不读书到哪里去获取知识;从深层次上看,书中自有做人做事做官的道理,这是不能忘怀的根本,只有下苦功夫,勤奋读书,才能通达事理,悟到得到这个根本。应该说宋珰能聚书以传后,防子孙"忘本",与他自己的读书与从宦经历有关。他长期担任多地的州主官,如宋太祖时任锦州知府，宋太宗时先后任益州、秦州、苏州知府，也当过短期的朝廷监察御史，无论在哪里任职，他都买书抄书以聚书，孜孜不倦刻苦读书，务求弄懂书中要义，学以致用指导政务，敢于迎难而上，专啃硬骨头，屡屡圆满完成任务，多次受到皇上的奖赏。

如益州受天灾影响，"岁饥多盗"，社会治安极差，人民生命财产受到了极大威胁。宋珰受命为益州知府后，一上任就实地调查，部署方略擒拿盗贼，平息祸乱，活跃多时的盗贼势力终被扑灭。受到宋太宗的嘉奖。如宋珰任秦州知府，因政绩突出，口碑甚好，被调回朝廷任监察御史，还不到一百天，接任的知府韦亶就因贪赃枉法而下狱，宋太宗便派宋珰仍回秦州任知府。宋珰严厉整治大贪官韦亶的余孽，清肃吏治，约束和惩治官员贪赃枉法行为，使混沌的衙门迅速恢复了原貌。又如三吴即吴郡、吴兴、会稽地区，因天灾，民众多患疾而亡，朝廷派宋珰为苏州知府前往三吴地区救灾。宋珰到任后，四处视察灾情，加之水土不服，也染上了恶疾，且越来越重。许多人劝其回去，他说："圣上就是考虑三吴百姓的疾苦，才派我来设法救治，而我却以身染恶疾要求离去，这不是一个臣子的所为。"宋珰终因恶疾不治而死于异乡，年仅61岁。宋太宗闻之哀悼数日。这样一个为国为民，尽职尽责，最终死在抗灾一线上的廉吏宋珰，为子孙能不留下无比珍贵的遗产吗？据史料记载，宋珰的三个儿子均成才，长子宋明远，为都官员外郎，次子宋柔远，举进士及第，三子宋垂远，阁门祗候。看来宋珰特殊的遗产发挥了巨大作用。

现在能将书籍作为遗产留给子孙的人恐怕已经不多了，原因很简单，很多人本身就不是很喜欢读书，对此还振振有词：都什么年代了，学历教育文凭到手，读书还有用吗？于是有些人得出结论：读书没有用。的确，信息社会、网络时代，名人讲座、热点微博，令人眼花缭乱，手指轻轻一动，眼睛随便一溜，耳朵竖起一听，仿佛世界便尽在掌握之中。但是，互联网、信息化无论如何发展，毕竟是商业运作，不可能完全适应人们读书学习的需要，更不能去适应个体学习的特殊需要。加之它同所有媒体一样，都具有"短、平、快"的特点，不免流于碎片化，与知识需要的系统规范深入是矛盾的。书永远是人们最宝贵的精神财富，是人们获取知识的主要载体。

因此，即使我们要上网，要懂信息化，要从中获取一切能获取到的东西，以跟上时代前进的步伐，但这也绝不能代替传统的读书学习，正如世界上还没有哪一所名牌大学，因为互联网的无所不能而关闭了学校，一律实行网上教学一样。任何时候都应该多读书、读好书、读点儿有味道的书，既启发智慧又其乐无穷。这就是宋珰聚书以贻子孙，所给予今人的有益启示。

私人藏书对读者开放之先河

马谡失街亭被诸葛亮处罚，尽人皆知，而一起受株连被处罚的还有向朗。蜀建兴五年（227），诸葛亮率军第一次北伐，丞相长史向朗跟随征战。马谡战败逃亡，向朗因与马谡是朋友，便知情不报，诸葛亮因而责怒于他，免去向朗的官职，并让他返回成都。以后数年，诸葛亮多次北伐，都没有再带过向朗。向朗一直赋闲，后虽复职为光禄勋，但因无实职，仍等于赋闲。《三国志·向朗传》和蜀志其他各卷，都没有向朗再干过什么大事的记载。向朗于延熙十年（247）去世，整整休闲无事20年。于是向朗转而潜心收集和研究典籍，手不释卷，孜孜不倦，年近80岁，仍亲自校对书籍，改正谬误之处。天长日久，向朗积聚的典籍篇卷，是当时蜀中最多的一位，堪称"大藏书家"。后世学者对老而好学的向朗，尊为"吾宜师法也"。

更为可贵的是，向朗还将自己的藏书对大众开放。本传载，向朗"开门接宾，诱纳后进，但讲论古义，不干时事，以是见称。上自执政,下及童冠,皆敬重焉"。即向朗打开自家书房的大门,坦诚接待前来的宾客,接纳努力进取的学子,为其耐心讲解书中含义,并不干涉时政,受到人们的称赞。因此,蜀国上自执政官员,下及青少年学子,都十分敬重向朗。向朗这种开放私人所藏图书,传授知识辅导晚辈学子,且一门心思钻研典籍,毫不干扰当局政治,可以说开创了历史上私人藏书家对大众开放之先河。正因为向朗此种行为,从传承与弘扬中华文化的角度看,体现了无私的大爱,其积书、校书并开放藏书的事迹,才被史学家写入正史加以褒扬。

然而,向朗好像没有什么著述,现在能见到的仅有一篇《遗言戒子》。本传中裴松之注引《襄阳记》载,朗遗言戒子曰:"《传》称'师克在和,不在众',此言天地和则万物生,君臣和则国家平,九族和则动得所求,静得所安。是以圣人守和,以存以亡也。吾,楚国之小子耳,而早丧所天,为二兄所诱养,使其性行不随禄利以堕。今但贫耳。贫非人患,惟和为贵,汝其勉之!"这里,向朗由引用春秋初期楚国名将斗廉的一句名言"师克在和"说开去,论述了天地之间和谐,万物就会茂盛;君臣之间和谐,国家就会太平;家族之间和睦,才能安居乐业。贫穷并不可怕,不足为患,不和谐才是最可怕的,因此要牢记"惟和为贵"。这也可能是向朗人生感悟的提炼。不是吗?向朗被诸葛亮处罚后,一直毫无怨言,被后主重新重用后,对诸葛亮仍无任何怨气,因多年赋闲,及时转向,钻研典籍,寻找新的兴趣点,做到了一生以和为贵,真是难能可贵啊!

书籍"好之无伤也"

孙休是孙权的第六子,是继孙权、孙亮之后,东吴的第三任主公,吴太平三年(258)继位,改元永安,永安七年(264)去世,年仅30岁,在位仅7年,谥号景皇帝。孙休在位期间,联合大臣张布、名将丁奉等,一举诛灭专擅朝政多年的孙綝集团,重掌皇权。但因后期过分信任张布和濮阳兴二人,导致二人权倾朝野,政事混乱。更没有开疆拓土,没有惊天伟业。尽管这样,孙休在位期间,还是较好地保持了孙权时期东吴的既有局势,为吴国继续维持统治,与强大的魏国长期抗衡,作出了应有的贡献。因此,史上对孙休评价较高。《吴书·三嗣主传》裴松之注引陆机《辨亡论》载:"景皇聿兴,虔修遗宪,政无大阙,守文之良主也。"即孙休大兴教育,恭敬地修补旧制,政事无大损害,堪称守业的良主。也有不少学者称孙休"吴之贤君也"。

纵观孙休在位的几年,他的主要功绩是:颁布良制,减轻劳役,免除税米,恩惠百姓;强调发展农耕桑蚕,抑制经商做买卖；创建国学，设太学制度，诏五经博士，考核录用合格人才，"以敦王化，以隆风俗"。孙休下诏说："古人建立国家，把教化学习放在首要地位，以此导引民俗风情，陶冶人们品性，为当代培养人才。自建兴年间以来，时事多变，官吏百姓多着重追求于眼前利益，抛弃根本，追逐末节，不遵循古代的道义。若社会所崇尚的思想不敦厚，则会伤风败俗。应根据古制来设置学官，立五经博士，考核录选合格的人才，给予他们恩宠和俸禄，从现任官员和将军子弟之中挑选有志向爱好的人，让他们各就学业。学习一年后考试试用，分出品第高下，赏赐禄位。使看到他们的人喜爱他们的尊贵，听说他们的人羡慕他们的荣誉。从而推广君王的教化，兴隆民间的风俗。"

孙休不仅要求全国全民大兴教化，自己还专心研究古代典册书籍，想要读遍诸子百家的论著，甚至将朝政事务都委托给张布他们，每天都闷在宫中读书，只有在外出狩猎期间才不读书。读起书来上瘾，连政事都不问了，当然不好，应当是读书、听政两不误。另外，身为人主，要全部通读典籍，恐怕是没有抓住要领要义所致，也是不足取的。但是，爱读书，总比沉溺女色，深陷酒池，要好得多吧。

正是由于酷爱读书，孙休有句名言："书籍之事，患人不好，好之无伤也。"即对于读书这件事，担心的是人们不喜欢它，喜欢它是没有什么伤害的。孙休的这番话，后世广为传颂，被好多学者纳入《二十四史》经典佳句30则之列，凡谈到读书学习时，人们经常都要提到孙休的这句话。

中华民族源远流长的文明博大精深，赋予了中华儿女无上荣光的骄傲和深厚的历史文化积淀，钻研典籍、饱读诗书，历来是有识之士的渴望和追求，论述读书学习的名言警句，更是数不胜数。

《论语·述而》载："学而不厌，诲人不倦。"《说苑·卷三建本》载："孟子曰：'人皆知以食愈饥，莫知以学愈愚。'"即孟子说，人都知道用食物可以充饥，但是不知道靠学习可以医治愚蠢。《说苑·卷三建本》载，晋国乐师、盲人师旷，回答晋平公的问话，"臣闻之，少而好学，如日出之阳；壮而好学，如日中之光；老而好学，如炳烛之明"。即我听说，年少的时候学习，犹如旭日东升；壮年的时候学习，犹如中午的太阳；年老的时候学习，犹如点燃蜡烛照明。《明史·孙交传》载："初在南京，僚友以事简多暇，相率谈谐饮弈为乐，交默处一室，读书不辍。或以为言，交曰：'对圣贤语，不愈于宾客、妻妾乎！'"即孙交当初在南京做官时，僚友们因为事少多闲，大家常在一起谈笑、饮酒、下棋，孙交一个人独处一室，不停地读书。有人劝他玩一玩，他说："面对圣贤的话语，不是比陪着宾客、妻妾更好吗？"《明史·杨慎传》载："既投荒多暇，书无所不览。尝语人曰：'资性不足恃。日新德业，当自学问中来。'故好学穷理，老而弥笃。"即杨慎被贬到边远地区后，有很多空暇时间，对各类书籍无所不读。他曾对别人说："天资不可凭仗。天天向上的品德和学业，应当是从学和问中得来的。"所以他喜好读书穷理，到老时更加专注。以上这些论述，有讲读书学习好处的，有讲读书学习乐趣的，有讲读书学习要活到老学到老的。按说历史上实在是不乏论述读书学习名言警句的，而孙休的那句话之所以还受人重视和高看一眼，可能是与他从读书学习无害的特殊角度，来阐述读书学习有关，这在兵荒马乱、战事频仍的年代里是难能可贵的，也是三国时代之前所没有人讲过的。

书永远是人们最可宝贵的精神财富，是人们获取知识的主要载体，可以说，书在手中翻动的感觉，要远远超过浏览电脑上滚屏的感觉。要养成好读书、读好书的习惯，因为书籍"好之无伤也"，以积累知识，增长才干，强化修养，锤炼品格，成为一个对社会、对国家有用的人，也为灿烂的中华文明得以永世传承，尽到自己应有的那份担当。

只把清白留后人

唐代宰相房玄龄,可谓家喻户晓。贞观元年(627),唐太宗李世民论功行赏,称其为天下第一功臣。贞观三年(629)二月,改封魏国公,监修国史。为辉煌的贞观之治,房玄龄辛劳了一生。唐代史官柳芳称:"玄龄佐太宗定天下,及终相位,凡三十二年,天下号为贤相。"笔者今天想谈谈其父房彦谦,透过《隋书·房彦谦传》,可以清晰地看到一代贤相的出现,与严格的家教和淳朴的家风密不可分。

《房彦谦传》载:"其后隋政渐乱,朝廷靡然,莫不变节。彦谦直道守常,介然孤立,颇为执政者之所嫉,出为泾阳令。""彦谦居家,每子侄定省,常为讲说督勉之,亹亹不倦。家有旧业,资产素殷,又前后居官,所得俸禄,皆以周恤亲友,家无余财,车服器用,务存素俭。自少及长,一言一行,未尝涉私,虽致屡空,怡然自得。尝从容独笑,顾谓其子玄龄曰:'人皆因禄富,我独以官贫。所遗子孙,在于清白耳。'所有文笔,恢廓闲雅,有古人之深致。又善草隶,人有得其尺牍者,皆宝玩之。"

这段话，先是交代了隋代朝政渐渐混沌以后，朝中官员没有几人不改变节操的，而房彦谦却坚守正道，不移其志，介然独立，被贬为泾阳县令。接着重点介绍了房彦谦的美德及其家风：一是从不谋求私利。房彦谦自幼到老，无论是做高官或被贬斥，平素里的言行，未尝涉及过谋取私利。二是务求朴素节俭。房彦谦将所得俸禄，都拿来接济亲友，家里一直没有多余的钱财。所用的车子、衣服及器皿，都相当俭朴。三是乐观对待贫穷。由于贫困，家中经常入不敷出，然而房彦谦却怡然自得，乐在其中，妙手著文，博大闲雅，还擅长草书、隶书，写得一手好字。当时的人们都以能得到他的墨迹为宝。四是精于教育子侄。每当子侄来省亲，房彦谦都不厌其烦地督导勉励他们。尤其是仅有19字的教子书，更是令人叫绝："人皆因禄富，我独以官贫。所遗子孙，在于清白耳。"即人家都因官俸而富，我偏偏以官贫。留给子孙的财产，就只有清白了。

细读房彦谦的教子书，他道出了官场上普遍存在的丑恶现象，那就是当官便能致富，本来当官与发财是两股不相交的路，当了官就发不了财，官员们却把它们合为一体了，无非是贪污受贿，攫取不义之财；他还申明自己决不这样做，既然当官就要甘于贫困，且泰然处之；他最后声明能留给子孙的财产，只有自己为官的清白了。《旧唐书·房玄龄传》倒是没有直接记载房玄龄对父亲上述教诲的感受，但是从他在其父患病时，不离左右，衣不解带，竭尽孝道；从小就写得一手好文好字，擅长草书、隶书，字如其父，也很是叫人喜爱；公而忘私，不置家产，勤俭持家，廉洁为官等情节来看，房玄龄定是接过了那沉甸甸的遗产——"清白"，并发扬光大。"清白"，看似无形胜有形，无财胜有财；"清白"，看似只讲了为官就不能致富，宁可贫穷也不能贪占之理，其实它还囊括了房氏家风中的诸多美德。把这样的精神遗产留给后辈子孙，是多么的丰厚啊！

  房彦谦把"清白"留后，值得今天的领导干部学习借鉴，也是当前强调良好家风建设的必然要求。那么当下的"清白"，又该是个什么样子呢？笔者以为除了在物质金钱上，要清清楚楚、干干净净外，起码要包括以下三个方面内容：一是做人要清白，子女在成学、成长、成人的漫长过程中，要向善向上，扎扎实实，站稳脚跟，堂堂正正。二是持家要清白，崇尚勤俭之风，分清楚公私两条线，哪怕是再穷再困难，也不占公家一点儿便宜。三是从政更要清白，对自己所担任的公职，所具有的公权力以及公职、公权力是用来干什么的，要向子女宣示清楚。既为人民公仆，就不许再琢磨利用手中权力经营任何产业，不许收受他人的任何财物，一句话，就是不在薪水之外再捞取不义之财。这样的"清白"遗产，可不像金银财宝那样，到时候交给子女就成了，它要颇费一番功夫，经过反复灌输，不断强化，才能入心入脑形成定见，最终使子女们得以继承下来。房彦谦不是一有机会就对子侄们耳提面命吗？教子书的字里行间，更是浸透着他的良苦用心。相信今天的领导干部们，做起把"清白"留后的事情来，一定会早早就重视它，看作与自己在外履职同等重要，不厌其烦地认真做，反复做，注重在细微之处见成效，逐渐积小为大结出硕果，那么就一定会比房彦谦做得更加精彩亮丽。

岳麓书院讲堂一瞥

长沙岳麓山下，有一座幽静古朴的院落，这就是始建于北宋的千年学府——岳麓书院。如今它已由一所古代书院，发展成为今天的湖南大学。当人们徘徊在书院的讲堂、文庙和诸多专祠的时候，总能从那块块石碑、众多匾额、副副对联中，体味到中华传统文化的永久魅力。书院大门的正上方，悬挂着宋真宗赵恒所题"岳麓书院"的御匾，门两旁则是对联："惟楚有材，于斯为盛"。过了二门，就到了书院的核心部分——讲堂。讲堂的正中设有高1米的长方形讲坛，摆有两把红木雕花座椅，为山长和副讲的席位，也含有纪念朱熹和张栻曾在此一同讲授之意。讲坛后的屏风嵌刻着张栻撰写的"岳麓书院记"。讲堂南北两侧墙

"岳麓书院"御匾

壁上分别嵌有朱熹手书的"忠、孝、廉、节",山长欧阳正焕手书的"正、齐、严、肃"的大字碑。

讲堂大厅檐前悬有堪称稀世珍宝的"实事求是"匾额。它是1917年湖南工专迁入岳麓书院办学,校长宾步程撰写的,作为校训制匾而悬挂于此,以期引导师生,从事实出发,崇尚科学,追求真理。其实,"实事求是"一词,最早出现在《汉书·河间献王刘德传》,"河间献王德以孝景前二年立,修学好古,实事求是。从民得善书,必为好写与之,留其真,加金帛赐以招之"。即河间献王刘德在景帝元二年(前155)立为王。他研究学问,热爱古贤,依据实证,探求真知。崇尚和钻研古代典籍,总是寻根问底非要弄清史事的真相。他如果从民间得到了一本好书,一定要工整地抄写一本,自己将真本留下,以抄写本还给人家,并赏赐金银绢帛。对《刘德传》中的"实事求是",唐代颜师古《汉书注》的解释是:"实事求是,务得事实,每求真是也。"《辞海》则解释为,实事求是,根据实证,求索真相。总

"实事求是"匾额

之,其意义在于它是一种治学方法,或称为考据学,讲究的是言必有据,无证不信,主要是用于对古籍的整理、校勘、注疏等。

毛泽东在青年时期,1916年至1919年间,曾几次寓居岳麓书院讲堂旁的"半学斋"(学生自修和住宿之处),从事革命活动,寻求救国救民的真理。在"半学斋"期间,他推开宿舍窗子,就能看到对面讲堂檐前的"实事求是"匾额。可以说,"实事求是"这四个大字所蕴含的文化精神,对毛泽东的思想产生了重要影响。在后来革命实践过程中,毛泽东不断丰富和发展"实事求是"的内涵。1941年,毛泽东在延安发表《改造我们的学习》一文,第一次以马克思主义的立场、观点和方法,对实事求是做了全新的、科学的阐述:"'实事'就是客观存在着的一切事物,'是'就是客观事物的内部联系,即规律性,'求'就是我们去研究。"(《毛泽东选集》第三卷第795页)1943年,毛泽东还亲笔书写"实事求是",作为延安中央党校的校训。"实事求是"逐渐成为毛泽东思想的灵魂和精髓,成为党的思想路线。

讲堂大厅中央悬挂着两块鎏金木匾,一为"学达性天",为康熙二十六年(1687)御赐,意为知识不是赚钱谋生的手段,人通过对知识的学习体悟,可以穷尽心理、恢复天性,上达于天命,进入"天人合一"的境界。二为"道南正脉",是乾隆八年(1743)皇帝所赐,肯定了岳麓书院在中国理学传播史上的重要地位。

讲堂还有多副对联。在"实事求是"匾额下方两旁的对联是:"工善其事,必利其器;业精于勤,而荒于嬉"。为宾步程撰书。上联摘自《论语·卫灵公》:"子贡问为仁。子曰:'工欲善其事,必先利其器。'"即工匠想要把他的工作做好,一定要先让工具锋利。下联摘自韩愈《进学解》:"国子先生晨入太学,招诸生立馆下,诲之曰:'业精于勤,荒于嬉;行成于思,毁于随。'"即国子先生早上走进太学,召集学生们站立在学舍下面,教导他们说:"学业由于勤奋而专精,由于玩乐而荒废;德行由于独立思考而有所成就,由于因循随俗而败坏。"

还有一副对联最值得玩味,为清代岳麓书院山长旷敏本撰写,它悬挂在讲堂的两边墙壁上:"是非审之于己,毁誉听之于人,得失安之于数,陟岳麓峰头,朗月清风,太极悠然可会;君亲恩何以酬,民物命何以立,圣贤道何以传,登赫曦台上,衡云湘水,斯文定有攸归"。这副对联给学子们指出了人生应有的一种积极向上的态度。上联的意思是:遇有大是大非之事须自己决定,别人的闲言碎语就让他去说吧,一个人的事业是否成功,除了要个人努力外,还须看机遇如何,如果你遇到人生的困苦与困境,也不要悲痛绝望,你可以去登岳麓山,去那里感受一下明月与清风,就会发现你已经完全融入大自然之中,什么样的荣辱得失都完全被置之度外了。下联是说:当你春风得意之时,要报答朝廷和父母的栽培、养育之恩,更要好好思考如何让老百姓的日子过得好,把圣贤的道统、民族的优秀文化发扬光大。在高耸的赫曦台(岳麓山顶观日出之处)上,俯瞰衡云湘水,一定对儒家文化要有更加执着的信念。这副对联所展现的精神内涵,正是儒家"穷则独善其身,达则兼济天下"这一中华民族始终崇尚的品德和胸怀的体现。出自《孟子·尽心章句上》的这句名言，意思是一个人在不得志的时候，就要注重提高个人修养和品德，洁身自好；一个人在得志的时候，就要想着把善发扬光大，努力让天下人都能得到好处。

岳麓书院内景

仅从对岳麓书院的讲堂的走马观花中，就有种强烈的预感，岳麓书院在新时代必将焕发出勃勃生机！

须臾不离"忠恕"两个字

"先天下之忧而忧，后天下之乐而乐。"北宋名相范仲淹的这一千古佳句，将他身上的所有美德，范氏家族的优良家风，极其凝练而又一览无余地昭告给了世人，当然最先受益的定是他的子孙。有人说过，范仲淹的四个儿子中，范纯祐得其勇，范纯仁得其忠，范纯礼得其静，范纯粹得其略。范纯仁在宋哲宗时入相，人称"布衣宰相"，无论在官职还是品德上，都直追其父，颇具父风，特别是他一生都信奉"忠恕"这两个字，更是令人钦佩。

范纯仁刚刚卸任赋闲在家，大儒程颐就前来拜会。谈话中，程颐见范纯仁非常怀念自己过去在相位的时光，很是不以为然，便直言道："当年你有许多事情处理得不妥，难道你不觉得惭愧吗？"当范纯仁表示不知是些什么事情时，程颐说："你当宰相第二年，苏州一带发生暴民抢粮事件，你本应在皇上面前据理直言，可你却什么也没说，导致许多无辜百姓受惩罚。"范纯仁连忙低头道歉："是啊，当初真该替百姓说话。"

程颐又说:"你当宰相第三年,吴中发生天灾,百姓以草根树皮充饥,地方官员报告多次,你却置之不理。"范纯仁愧疚无比,说:"这是我失职了。"程颐接着又一一指出范纯仁的其他过失,范纯仁都逐一认错。时隔不久,皇上召见程颐,程颐献上一大套治国良策,皇上说:"你真有当年宰相范纯仁的风范。"程颐哪里会甘心将自己与范纯仁相提并论,便说:"难道范纯仁也曾向皇帝进言过?"皇上命人搬来一个大箱子,说:"里面全是范纯仁当年的奏章。"程颐翻开一看,才发现自己前些天指责范纯仁的所谓过失,其实他都已多次进言过,只是因某种原因没有得到很好的实施而已。程颐后来专程到范府登门道歉,范纯仁却一笑了之,还说:"不知者无罪,您何必自责。"本无过错,竟还能毫不为自己争辩,虔诚地低头认错,信奉和践行忠恕的规范,已经到了如此佳境。

范纯仁正是这样,悟到忠恕学说的真谛,学以致用,在50年为宦生涯中,一刻都不曾偏离忠恕的轨道,并且用自己的朴素话语,教导子侄们也都要按照忠恕的精神去做。《宋史·范纯仁传》载:"纯仁性夷易宽简,不以声色加人,谊之所在,则挺然不少屈。自为布衣至宰相,廉俭如一,所得奉赐,皆以广义庄;前后任子恩,多先疏族。没之日,幼子、五孙犹未官。尝曰:'吾平生所学,得之忠恕二字,一生用不尽。以至立朝事君,接待僚友,亲睦宗族,未尝须臾离此也。'每戒子弟曰:'人虽至愚,责人则明;虽有聪明,恕己则昏。苟能以责人之心责己,恕己之心恕人,不患不至圣贤地位也。'""亲族有请教者,纯仁曰:'惟俭可以助廉,惟恕可以成德。'其人书于坐隅。"说的是，范纯仁性情平易宽简，不以声色强加于人。而正义所在，则挺身承担没有稍许屈折。他从布衣到宰相，廉洁勤俭始终如一，所得俸禄和赏赐，都用以扩大接济穷人的义庄。前后荫及子族，都是以比较疏远的族子为先。范纯仁去世时，他的幼子、五孙还没有官职。他曾经说过："我平生所学，得益忠恕二字，一生受用不尽。以至于在朝廷侍奉君王，交接同僚朋友，和睦家人宗族等，不曾有一刻离了这两个字。"他常常告诫子侄辈说："即使是愚笨到了极点的人，要求别人时却是明察的；即使是特别聪明的人，宽恕自己时也是糊涂的。如果能用要求别人的心思要求自己，用宽恕自己的心思宽恕别人，那就不用担心自己不会达到圣贤的境界了。"亲族中有向范纯仁请教的，他说："只有勤俭可以滋养廉洁，只有宽恕可以成就美德。"那个人将这句话奉为座右铭摆在案几上。

　　忠恕，即忠诚与宽恕，属于儒家伦理道德范畴，是处理人与人之间关系的准则。《论语·里仁篇》载，曾子说："夫子之道，忠恕而已矣。"即老师的学说，忠恕两个字罢了。忠恕之道就是强调，要以对待自己的态度来对待别人，将心比心换位思考，自己想这样，也要想到人家也想这样，自己不想这样，也要想到人家也不想这样。正所谓"己所不欲，勿施于人"。如果大家都能做到这样，小到一个家庭，大到一个单位团体甚至一座城镇，能不和谐共处吗？然而现代人有很多缺乏这种品德。凡事以自我为中心，以自我意志为转移，以自我评价为标准，全然不顾他人的感受和社会的公共利益，成了不少人的通病。在一些领导干部身上则表现为，干了一点儿好事，一点儿本不大的事情，唯恐上级和群众不知道，在这里，领导决策的作用、大家合作的作用、友邻配合的作用，统统不见了。接下来就该向组织伸手了，要功、要赏、要官。达不到自己的目的，就怨声载道，牢骚满腹。而得罪人、出问题时，却一推再推，责任全是别人和领导的，早把自己洗得一干二净。总之，好处要自己得，坏事撒给别人，邀功领赏冲在前，担责揽过往后缩。仔细看一看，恐怕这类人在有些地方官场上还真不少见。其实，这种现象也是腐败的衍生品，称其为软腐败实不为过，必须予以大力整治。除了继续强化为人民服务的宗旨意识，重温中华民族优秀的传统文化，效法先贤高尚的精神追求和崇高的道德境界，也是必不可少的。那就学习范纯仁的样子，以"忠恕"二字来规范自己的言行吧。

从"奉公不挠"看源氏家风

源怀,南北朝时北魏名将,官至尚书左仆射、骠骑大将军,为人谦恭宽雅,清俭有惠政,尤以"奉公不挠"的形象在史上有名。

《魏书·源怀传》载,景明三年(502),皇帝令源怀任使持节,加授侍中、行台之职,巡行北部边境六镇、恒燕朔三州,赈济贫困,兼采风俗,考核官员政绩名次,所有事情的处理,都由他先行决断然后上奏。自从京都迁到洛阳,北方边地遥远,加之连年大旱,百姓贫困不堪。源怀奉命巡行安抚,赈济有方,及时转运物资,各地通济有无。当时皇后的父亲于劲势倾朝野,于劲之兄于祚与源怀原先就有婚姻之亲,时任沃野镇将,颇多受贿之事。源怀将要巡行到他的镇所,于祚出城在道旁迎接,源怀根本不同他说话,即刻弹劾于祚并免去他的官职。怀朔镇将元尼须是源怀年轻时的好友,也多有贪污受贿之事,他置酒宴请源怀,对源怀说:"我的生命是长是短,全在于你一句话,难道不能对我给以宽待吗?"源怀说道:"今天的聚会，乃是源怀与故友饮酒之处，而不是判断案情之所。明天到公庭之上，才是令人检举镇将罪状的地方。"元尼须无言以对，唯有流泪而已。源怀不久就上表弹劾元尼须。源怀"奉公不挠，皆此类也"。

源怀何以能做到"奉公不挠"、刚正不屈？本传恰如其分地揭示了答案：源怀治事的才能与谋略兼备，从里到外都有好名声，继续父辈的踪迹，不辱先人的事业。原来是父辈源贺言传身教的结果，源怀才得以继承光大祖上的优良传统。

源贺，北魏政权建设的功臣之一，历太武、文成、献文、孝文四朝，先后任平西将军、冀州刺史、太尉，从政从军长达40余年。《源贺传》载：太和元年（477）秋，源贺自知时日不多了，"乃遗令敕诸子曰：'吾顷以老患辞事，不悟天慈降恩，爵逮于汝。汝其毋傲吝，毋荒怠，毋奢越，毋嫉妒；疑思问，言思审，行思恭，服思度；遏恶扬善，亲贤远佞；目观必真，耳属必正；诚勤以事君，清约以行己。吾终之后，所葬时服单椟，足申孝心，刍灵明器，一无用也'"。

"遗令敕诸子"，说的是，我不久前因为年老患病而辞去官职，上天慈爱降恩，爵位将传给你们。你们都不要骄傲狂妄，不要荒疏怠慢，不要奢侈越轨，不要嫉妒他人；有疑问要多请教，言语要审慎，行为要恭谨，服饰要适度；要做到抑恶扬善，亲贤远佞，眼睛观察事物一定要求其真实，两耳听话一定要求其正确；以忠诚勤勉去侍奉国君，以清廉俭朴来要求自己。我死以后，殡葬时用普通的衣服和单薄的小棺木，就足以表明你们的一片孝心，殉葬用的葬器之类，一概不要使用。

这是一篇掷地有声的家训遗嘱,"诚勤事君,清约行己"的良好家风,浸透在字里行间,这也是源贺人生经验和人生信条的总结,更是他从政生涯的真实写照。下面的这件事,就是最好的证明。

正平二年(452),宦官宗爱弑杀太武帝拓跋焘,拥立南安王拓跋余继位,不久又将拓跋余杀掉。在此危急关头,源贺统率禁兵临危不乱,与南部尚书陆丽商议拥立太武帝拓跋焘的嫡孙拓跋濬为帝。他镇守军营,稳住宫廷做援应,命陆丽前往禁苑迎接拓跋濬。拓跋濬被源贺等朝臣顺利拥入永安殿登基称帝,改元兴安,是为文成帝,使北魏政局转危为安。新君继位大赏群臣,文成帝让源贺从国库中任意挑取财物,但源贺坚辞不肯取。而皇帝非要他选取,最终源贺仅仅牵了一匹战马而已。

身教重于言教。源贺如此的遇乱不惊、严谨不疏、居功不傲、见利不贪,就已经给子女们做出了好榜样。加之,又"遗令敕诸子",叮嘱子女们务必要将"诚勤以事君,清约以行己"的家风家训传承下去。从现有的资料上看,源贺的后世子孙们个个谨遵教诲,人人都不曾懈怠过。源怀当然是其中的佼佼者之一,他承上启下,确保了源氏家风不梗阻、不变味,得以代代相传,得以发扬光大,使得家族从北魏开始兴盛,直至显赫于以后的隋、唐、宋数朝之久,在《魏书》《北史》《隋书》《旧唐书》等正史中被立传者竟达40多人。对此《北史·源贺传》有精到的点评:"源贺堂堂,非徒武节、观其翼佐文成,廷抑禅让,殆乎社稷之臣。(源)怀干略兼举,出内弛誉,继迹贤考，不坠先业。子（源）邕功立夏方，身亡冀野。（源）彪著名齐朝。（源）师、（源）雄官成隋代，美矣。"应该说这个"美矣"两字，不仅是夸赞源氏家族名臣名将出得多，也是对源氏"诚勤以事君，清约以行己"良好家训家风的赞颂。

读张奂《诫兄子书》

张奂，东汉后期抗击匈奴的名将，先后担任护匈奴中郎将、武威太守、度辽将军，恩威并重，匈奴拜服，幽州、并州一片"清静"，被朝廷升为大司农，后因匈奴又侵扰武威、张掖等地，再次被任命为护匈奴中郎将，以九卿高位总督幽、并、凉三州。匈奴听说张奂回来了，便有一大部分立即投降，少部分继续作乱的，很快被张奂率军击垮，边境又恢复了安定。

张奂在长期抗击匈奴的过程中，有两件事被传为美谈。一是永寿元年（155），张奂以安定属国都尉之职，率仅有的200余人，依托长城关隘，一举打败匈奴7000多人的进犯，迫使匈奴首领率众投降，确保了郡界安定。《后汉书·张奂传》载："羌豪帅感恩德，上马二十匹，先零酋长又遗金八枚，奂并受之，而召主簿于诸羌前，以酒酹地曰：'使马如羊，不以入厩；使金如粟，不以入怀。'悉以金马还之。羌性贪而贵吏清，前有八都尉率好财货，为所患苦，及奂正身絜己，威化大行。"说的是，东羌首领感激张奂的恩德，献上20匹马，先零羌首领也送来8件金饰品，张奂都接受了，然后便命主簿召集羌族各部首领前来，他举起酒杯将酒倒在地上说："即使马像羊一样多，我也不会把它收入马厩；即使金器像谷粒一样多，我也不会把它收入怀中。"遂把金、马全都还给了他们。羌人性贪但对清廉的官吏却很尊敬，以前八任都尉均贪好财货，为他们所厌恶，张奂端正自身，品行廉洁，使恩威和教化得以广泛推行。张奂的上述行为，在后世影响很大。王夫之《读通鉴论·卷八》桓帝称："张奂却羌豪之金马，而羌人畏服。""夫为将者，类非洁清自好独行之士，其能如奂之卓立以建大功者无几也。"

二是延熹五年（162），张奂被任命为武威太守。当地的风俗中有很多妖邪的禁忌，凡是二月、五月出生的孩子以及与父母同月出生的孩子，全都必须杀死。张奂用仁义的道理启发和教导民众，并严格赏罚措施，使这一陋习得到了改变。百姓为此特地为张奂建立了生祠，以表达感激之情。

就是这样一个叱咤边境，令匈奴闻风丧胆，在北宋年间成书的《十七史百将传》荣列其中的张奂，在教子教兄子方面也颇有成效。《全后汉文》所载张奂的《诫兄子书》，值得一读："汝曹薄祐，早失贤父，财单艺尽，今适喘息。闻仲祉轻傲耆老，侮狎同年，极口咨意。当崇长幼，以礼自持。闻敦煌有人来，同声相道，皆称叔时宽仁，闻之喜而且悲。喜叔时得美称，悲汝得恶论。经言孔于乡党，恂恂如也。恂恂者，恭谦之貌也。经难知，且自以汝资父为师，汝父宁轻乡里邪？年少多失,改之为贵。蘧伯玉年五十,见四十九年非,但能改之。不可不思吾言,不自克责,反云张甲谤我,李乙怨我。我无是过,尔亦已矣。"

张奂的这篇《诫兄子书》,大体上说了三层意思:一是对两个侄儿尊长爱幼的行为分别作了点评,批评二侄子张祉对老年人轻视傲慢,对同龄人轻慢无礼,信口开河,任意乱说。肯定和表扬三侄儿张时,待人宽厚仁义。二是引用两个典故循循教导其侄儿。"孔子于乡党,恂恂如也,似不能言者。"出自《论语·乡党第十》,意思是说,孔子在家乡,非常恭顺,像是不大会说话的样子。强调连孔子都尚且如此尊敬乡亲,更何况你们了。"故蘧伯玉年五十,而知四十九年所非。"出自《淮南子·原道训》,说的是,卫国大夫蘧伯玉50岁的时候,知道自己前49年所犯过的错误。说明做人就是要时刻反省自己的所作所为。三是强调年轻人犯错误并不可怕,贵在知错就改,听到别人的批评,要虚心接受,迅速加以改正,决不能怨这怪那,将自己的过错推诿给别人。

张奂对侄子的教诲,看似言语平和又平常,其实是在教导做人的基本功,人在幼年成长阶段,学会懂得礼节礼貌,能够尊长爱幼,待人宽厚仁义,虚心接受批评,就会为以后漫长的人生之路,打下一个坚实的道德底座。张奂就是这样一个以朴实无华的常情常理教育子女,又以常情常理规范自己的人。光和四年(181),张奂去世前,遗命给子女:"我早上死了,晚上就埋葬,'奢非晋文,俭非王孙',即春秋时晋文公朝见周天子,请求允许其死后得以天子之礼下葬,是谓奢侈;汉武帝时有一个人叫杨王孙，死前命子女为他布囊裹尸，下葬后再脱去布囊，以身亲土，是谓吝啬。不要超过常礼，顺乎人之常情就可以了。"

反思今天一些家长对子女的教育，在文化课上下的功夫，要远大于在培养良好的道德品质上所下的功夫，这种状况亟待改变。不妨学学张奂，对子女的教育，多从道德上抓一抓，对于子女以后的成人、成家、成才，定会大有益处的。

为官纵妻贻害大

元载,唐朝宰相,史上四大巨贪之一,"胡椒八百石""死前袜塞口",是他的特有标签。一代又一代的文人墨客,一方面以胡椒和臭袜为内容,写诗撰文讥讽元载的贪贿丑行。如宋代罗大经《鹤林玉露》载:"元载败时,告狱吏乞快死。狱吏曰:'相公今日不奈何吃些臭。'乃解袜,塞其口而卒。余尝有诗曰:'臭袜终须来塞口,枉收八百斛胡椒。'"一方面从不同侧面总结元载的教训,有的说他是"溪壑之欲,发乎无厌""惟愚生贪,贪转生愚",也有的说是他妻子王氏惹的祸,结论是"贪婪之妻不可纵"。如唐代苏鹗的笔记小说集《杜阳杂编》载:"论者以元载丧令德,而崇贪名,自一妇人致也。"

暂且不去评论以上对元载犯罪的教训找得准不准,元载之妻王韫秀肯定是难辞其咎的。这一点,有唐代宗的一道敕令予以证明:《旧唐书·元载传》载,唐大历十二年(777),唐代宗李豫发布一道有500多字的敕书,列举了元载六大罪状,其中便有"凶妻忍害,暴子侵牟,曾不提防,恣其凌虐"的字样,即凶狠的妻子残忍害人,暴虐的儿子扰民牟利,元载却从不劝阻,纵其欺凌官吏与百姓。

本传还记载,元载"外委胥吏,内听妇言"。即外政委于胥吏,内事听从妇言。对王韫秀的行径纵之任之,还经常向其请示汇报,有商有量。王韫秀,是唐朝名将、开元年间河西节度使王忠嗣的女儿,一向以凶狠暴戾闻名,权力欲极强,放纵她的孩子元伯和等人,为元载的贪贿行为推波助澜、火上浇油,并争相收纳贿赂,共同加入到贪赃枉法的狂欢中,加速了宰相之家的堕落。当时求取功名的士人,如果不巴结元载及其家人,就无法进入仕途。导致贿赂公开进行,各级官场上充斥着品行低下的无耻之徒,搅得朝政黑暗险恶,邪气弥漫。元载和家人则极度奢靡享乐,城中建成南北二所豪华宅第,室宇恢宏壮丽,堪与皇宫比美,为当时第一。又在近郊修起亭榭,所到之处,帷帐杂器都早已备好,不须另行供给。城南的肥沃土地与别墅、疆界相互连接,共数十处,穿绮罗的婢女奴仆有100余人。恣意放纵,犯法妄为,奢侈僭越,没有限度。

其实,元载之妻王韫秀,原本出身名门,且有抱负有追求,颇有股大丈夫之气,并不是苟且之流。元载出身寒微,但很有才华,被王忠嗣相中招为女婿,但他还是受尽了王家上下的白眼,遂决心离开王家,到长安求取功名。临行写首诗《别妻王韫秀》:"年来谁不厌龙钟,虽在侯门似不容。看取海山寒翠树,苦遭霜霰到秦封。"王韫秀也鼓励丈夫游学求官,一同跟元载离家出走,并写诗《同夫游秦》给相公打气:"路扫饥寒迹,天哀志气人。休零离别泪,携手入西秦。"大意是,既然踏上了征途，就不要露出我们的寒酸。对于有志气的人，上天也是会怜悯的。不要流下离别的泪水，我和你一起去往京都长安。此诗一扫元载的低沉颓废的情绪，一股满满的英雄气扑面而来，反映了王韫秀倔强不屈的个性、乐观向上的精神。毛泽东曾亲手书写王韫秀《同夫游秦》诗，可能是被诗中透露出来的果敢与勇气所感染吧。

然而，元载发迹以后，王韫秀也迅速变坏。最终元载被杀之时，唐代宗将元载长子元伯和、次子元仲武、三子元季能与王韫秀一同赐死，元载已出家当尼姑的女儿真一，被收入宫中充作下人；还派人捣毁元载祖先及父母的坟墓，击毁祠堂中供奉的祖先木像。元载一家人的最后下场实在是可悲。

至于元载与其妻王韫秀谁先变坏，已不重要，反正两人是相互影响，共同堕落的。这足以给人以警示，欲做清廉为民的好官，就必须管好自己，还要管住自己的家人，尤其是管好自己的配偶。道理再简单不过了，夫妻本是同林鸟，一荣俱荣、一损俱损，只有同时进步、共守清廉才是正道。而这又是个长期的过程，需要下一辈子的功夫，且不论自己的官职大小，都要坚持这样做。在不断提醒自己不忘初心、严守规矩、清廉为公的同时，也要教育配偶这样想这样做，使配偶虽不一定在岗在位，但思想上不能松懈堕落，始终保持奉公守法、安分守己、规行矩步的本分本色。绝不能像元载之妻那样，一旦丈夫官当大了，手中有权有势了，便为所欲为、无所不为、横行无忌，甚至助纣为虐，不踏上不归路就永不停步。

恶劣家风酿祸端

老子利用职权大肆贪占，积财之巨堪比国库；儿子紧步父尘后来居上，行贿百官，广置豪宅，最终却身首异处，家破财丧，为后世留下一个恶劣家风酿祸端的完整故事。这就是《旧唐书·王锷传》给人留下来的反面事例。

王锷年轻时，任湖南团练府营将，他曾单枪匹马，只身前往叛将王国良驻地，诱降了王国良，为此升任邵州刺史，后来又调任广州刺史、岭南节度使。唐代镇守岭南广州的官吏，清廉者极少，大都借机狠捞一把，强征豪取贪污受贿。王锷也不例外。《王锷传》载："广人与夷人杂处，地征薄而丛求于川市。锷能计居人之业而榷其利，所得与两税相埒。锷以两税钱上供时进及供奉外，余皆自入。西南大海中诸国舶至，则尽没其利，由是锷家财富于公藏。日发十余艇，重以犀象珠贝，称商贷而出诸境。周以岁时，循环不绝，凡八年，京师权门多富锷之财。"说的是，广州人与夷人杂处，地税征收不多因而都聚众求利于河市。王锷能算计居民产业从而征收税利，所得收入与两税相差无几。王锷将两税钱除上供、四时进献及供奉外,剩余的都归自己。西南大海中各国船舶驶至,利钱全被王锷没收。于是王锷的家财比公府收藏还富。王锷每天发遣十余艘小艇,多载犀角、象牙、珍珠、海贝,自称是商货而出境,以数月为周期,循环不绝,共八年,京师的权贵多因王锷的财货而富。

王锷通过贿赂朝中权贵,官职越做越大,不是白居易力谏,他早就当上宰相了。《旧唐书·白居易传》载:"上又欲加河东王锷平章事,居易谏曰:'宰相是陛下辅臣,非贤良不可当其位。锷诛剥民财,以市恩泽,不可使四方之人谓陛下得王锷进奉,而与之宰相,深无益于圣朝。'乃止。"

王锷贪婪的习性、行贿的伎俩,感染熏陶了其子王稷,待到王稷长大成人,为官以后,其所作所为真可谓青出于蓝而胜于蓝。多行不义必自毙,王稷的结局也就更加悲惨。《王锷传》载:"子稷,历官鸿胪少卿。锷在藩镇,稷尝留京师,以家财奉权要,视官高下以进赂,不待白父而行之。广治第宅,尝奏请藉坊以益之,作复垣洞穴,实金钱于其中。贵官清品,溺其赏宴而游,不惮清议。及父死,为奴所告稷换锷遗表,隐没所进钱物。上令鞫其奴于内仗,又发中使就东都验责其家财。宰臣裴度苦谏,于是罢其使而杀奴。稷长庆二年为德州刺史,广赍金宝仆妾以行。节度使李全略利其货而图之,故致本州军乱,杀稷,其室女为全略所虏,以妓媵处之。"说的是,王锷儿子王稷,历任至鸿胪少卿。王锷在藩镇时,王稷常留在京师。他用家财侍奉权贵,视他们官位的高低来进行贿赂,不等禀告他的父亲就去施行。他广建宅第,曾奏请借坊地来增加面积;又造夹墙挖洞穴,将金钱填在其中。高品大员贪图他的赏宴,与他一起游乐,而不怕舆论非议。到王锷死后,家里一奴仆向朝廷告状,说王稷偷换王锷遗表,隐藏了本应进献的钱物。唐德宗命令讯问那个奴仆,又派遣宦官到东都洛阳去验查他的家财。宰相裴度苦苦劝谏,于是停止追究并杀死了那个奴仆。后来,王稷出任德州刺史,多带金宝、仆妾赴任。节度使李全略贪图王稷的钱财,图谋夺取,导致本州军队叛乱,杀了王稷。王稷的家人包括女儿等全被李全略霸占,用为女伎、婢女。

对于王锷父子的悲剧结局,书史者深为感叹,在《王锷传》的最后写道:"贱收贵出,务积珠金,唯利是求,多财多累,则与夫清白遗子孙者远矣!凡百在位,得不鉴之。""惟彼太原(王锷自称太原人),战勋可录。累在多财,子孙不禄。"用今天的观点再加以审视,王锷父子不仅仅是"累在多财"上了,而且祸在财取之不义,又用之不当;祸在父贪贿成性,子又继承发展了其父的这项嗜好。总之祸根就在于王锷既贪婪钱财又善于行贿的家风上了。王稷从其父的从政轨迹中,认准了几个歪理邪说:当官就要盘剥百姓,贪污受贿,这样万贯钱财就犹如活水一般,源源不断地涌入家里;要能够平安当官,得以不断升职,就要献其所有投其所好,巴结贿赂朝中权贵;无论到哪里做官,只要有足够的金钱珠宝,就会拥有你想要的一切。正是在上述理念的驱使下,王稷终于走上了不归路。王锷父子的悲剧,今天好多贪官不还在重新演绎着吗?老子在地方上担当要职，贪污受贿，猛积家产，其子女或亲属，在京或省城办私人会所、开高档酒楼，平日里灯红酒绿讨好伺候用得着的各方人士，有情况时则不惜大把撒钱摆平消灾。一家老小就足以形成了腐败的完整链条，且这样的链条又往往相互紧扣，一环套着一环，既推波助澜于腐败，又侵蚀败坏着社会风气。可以说这种家族式的腐败，即完全用贪腐的家风串联起来的腐败，严重侵蚀着党的干部队伍和政府的健康肌体，必须予以揭露和痛击。

党的十八大以来，党加大了这方面的反腐力度，仅靠纨绔子弟开豪车拉美女肇事等偶然因素，才暴露其父家族贪腐罪行的被动状况，大为改观，一大批家族式的腐败大案得以被揭露出来，人们拍手称快。要不停手，不歇脚，继续采取有力措施，以即将展开的不动产登记为契机，夯实领导干部财产报告制度，包括国内外的存款、房产、车库、投资性财产、自己及代理人所办公司等，都要一一填报清楚，对以种种理由故意瞒报者，一经查实务必从严处理。对恶劣家风导致家族式的腐败案件，绝不让其得以匿藏起来，逍遥法外，要发现一起打击一起，决不手软。对这样的案件还要予以通报曝光，以告慰饱受其害的有关地方、企业和广大民众，宣示党和政府严惩腐败的坚定决心。

美德传后的启示

在中国历史的长河中，美名留世、美德传后的名人清官多的是，但让笔者最为叹赏的还数汉代的疏广、疏受和杨震三人。

汉元帝当太子时的太傅疏广、少傅疏受叔侄两人，退休时得皇帝及太子赏赐的黄金70斤，回至家乡，每天让人变卖黄金，请旧友、族人、宾客在一起喝酒取乐。有人劝他们为子孙置一些财产，疏广说："贤而多财，则损其志；愚而多财，则益其过。且富者众人怨之，吾既无以教化子孙，不欲益其过而生怨。"即贤能的人，如财产太多，就会磨损他们的志气；愚蠢的人，财产太多，就增加他们的过错。况且，富有是众人怨恨的目标，我过世后既无法教化子孙，就不愿意增加他们的过错而使众人产生怨恨。

汉安帝时先后任过荆州刺史和东莱太守的杨震，当有人劝他为子孙置办产业时，他说："使后世称为清白吏子孙，以此遗之，不亦厚乎！"让后代说他们是清官的子孙，把这当作遗产留下,不也很丰厚吗?

面对金钱,如此磊落;为子孙计算,如此细微,令人回味。时至当今,神州大地上先富之人日渐增多,其中不乏欲给子孙后人留下实力雄厚的大公司、条件优越的房地产和巨额现钞者。这原本没有错,但仅仅做到这一点是远远不够的,要把那些无形的财产——美德,千方百计地传给后人,那才称得上圆满。更有极少数人民公仆中的败类以权谋钱,不惜贪污受贿百万、千万甚至过亿,除满足自己享受超级的"酒绿灯红"外,还欲使子孙后代也继续享受下去。这些人与三位古人的金钱观如此相悖,原因何在?我们不妨剖析一下三位古人,他们具有三个共同特征:一是学识渊博。杨震自幼贫困好学,通晓《尚书》,教生授徒20年,被誉为"关西孔子"。疏广、疏受担任太子教师,使太子12岁就能通晓《论语》《孝经》,足见其学识之深。这正应了董仲舒的名言:君子不学,不成其德。二是修身养德。他们用所学的知识去修炼品德,坚定志向。清白为人,廉洁做官。杨震"四知"的故事就是例证。昌邑县令王密趁夜揣10斤黄金来送给杨震,杨震说:"故人知君,君不知故人,何也?"(我了解你,你却不了解我,这是为什么?)王密说:"暮夜无知者。"杨震说:"天知,地知,我知,子知。何谓无知者?"王密惭愧地走了。三是大彻大悟。长期苦学,修炼的结果,便是对自己、对官职、对事物有了更为透彻的认识和把握,已进入人生"自由王国"的领地。疏广叔侄两人深知"知足不辱、知止不殆"的道理,在官成名立之际一同以患病为由申请退休,以求避祸,颐养天年。如此大彻大悟之人,为子孙着想怎能不超出世俗之见呢？

　　这三条足以叫我们效法。愿大款大腕们，大官大僚们，多学点知识，多修炼品德，勤俭为本，乐善好施，力争对社会对公众多作贡献。这样，既为世人称道，更为子孙做榜样。

"一"字面前有远见

古代廉吏们修身律己、为官做事情往往十分重视慎微，"尽小者大，慎微者著"，是他们不变的信条，尤其对数字"一"相当敏感，面对贪贿的诱惑，连"一点""一衣""一毫""一染指"都要离得远远的，以保持一尘不染，守住心灵深处的那块净土。正所谓"一"字面前有灼见。

"凡名士大夫者，万分廉洁，止是小善，一点贪污，便为大恶。不廉之吏，如蒙不洁，虽有它美，莫能自赎。"载于南宋真德秀《西山政训》中的这段话，说的是凡是做士大夫的，即使非常廉洁，也只不过是小优点，而如果有一点点贪污行为，便是大过错。如果有了不廉洁的名声，即使有其他的优点，也不能弥补自己的罪过。真德秀官至户部尚书、翰林学士，为官始终清廉自守，一次与皇上对话时，他说："有位于朝者，以馈赂及门为耻；受任于外者，以苞苴入都为耻。"这里的"苞苴"本指包裹鱼肉的蒲包，后泛指赠送的礼物，引申为贿赂。这段话简言之，就是"两为耻"，为官者视收礼、送礼都可耻。后人曾评说："宋人此言，可为万古官箴。"

"一衣虽微，不可不慎，此污行辱身之渐也。"这是明代王溥之语。一次收受小礼、贪贿小钱的心安理得，犹如潘多拉的魔盒被打开，就会激活身上私欲、贪婪的恶性细胞，并会在思想深处繁衍病变，一步步走向犯罪的深渊而不可自拔。大凡以权谋私、贪污受贿之类，犹如吸食毒品，最易上瘾，有了第一次，便有第二、第三乃至更多次，吸得越多，欲壑就越难填满，一旦东窗事发，则悔之已晚。《明史·王溥传》载，王溥，洪武末年为广东参政，以廉洁闻名。其弟由老家来看他，有一属吏与其弟同船，赠送其弟一件布袍。王溥命弟弟退回去，说："一衣虽微，不可不慎，此污行辱身之渐也。"即：受人一件衣裳是小事，但玷污品行、玷污身体，往往是从这些小事上逐步发展起来的。王溥居官数年，僚属馈赠皆不受，就是受诬告入狱时，对部属送的用作打点的钱物仍不要，说："吾岂以患难易其心哉！"

"人只一念贪私，便销刚为柔，塞智为昏，变恩为惨，染洁为污，坏了一生人品。"《菜根谭》中的这句话，把它用在官吏收受僚属的贿赂后的种种丑恶表现最恰当不过了。吃人嘴软，拿人手短。即使你原来是一个多么公正无私、睿智进取的人，因受贿，下属就会对你不再尊崇、信任，而是心生厌恶。廉吏们对此都特小心谨慎。《北史·儒林列传》载，石曜，居官清俭。北齐后主时，为黎阳郡守。时丞相咸阳王世子斛律武都出为兖州刺史，性贪暴。先过卫县，自县令、丞尉以下，聚敛绢帛数千匹相奉送。至黎阳，斛律武都令左右叫石曜及县官也前来奉送。石曜乃手持一绢,往见武都说:"此是老石机织所出,聊以奉赠。自此以外,皆须出自吏人。吏人之物,老石一毫不敢侵犯。"武都素知石曜清廉纯儒,内心虽不愿意,也不好指责什么。

"贿赂初开,自谓偶一染指,似无大碍。孰知吏张其网,役假其威,我所得者有限,而说合过付,已破其家矣。"清代乌尔通阿《居官日省录》中的这段话,说的是官吏不清廉对百姓的巨大危害。官吏收受贿赂,自以为偶尔一染指,似乎没什么大碍。哪里知道在你伸手之时,手下的吏员早已张开贪网,衙役们也狐假虎威,你自己所得有限,而中介人说合转手,已足以让老百姓家财尽失了。你所获取才一次,而旁人中饱私囊的次数已不可胜计了。小民百姓如果涉及案件,不卖光产业便不能终止,以至父亲不能保住儿子,丈夫不能保住妻子,翘首企盼公门,一腔血泪冤屈。推论其原因,都是始于官吏偶尔染指贪利的缘故。

正确识"一",才能管得住"一"。愿党员领导干部以这些廉吏为鉴,切记"不矜细行,终累大德""道至微而生,祸是微而成",要严于律己,加强修养,锤炼操守,守住廉洁关口。

廉吏抵制"任人唯亲"之启示

任人唯亲,甚至"一人得道,鸡犬升天",是封建社会官场上的顽疾。然而,粗翻典籍发现,反其道而行之的廉吏也为数不少,事迹也都很过硬,他们选人用人的标准,今天仍有启示意义。

一心为公。任人唯亲的根基是一心为己、一心为私,去掉这个根基,树立起一心为公之念,必然能做到任人唯贤。唐代宋璟前后为相四年,在择人选吏上,他不畏权贵,不徇私情,秉公办事,提拔任用了大量的称职官吏,可以说,为开元盛世的出现积累了大量的人才。开元七年(719),候选的官员宋元超,在吏部自称是宋璟的叔父,希望因此得到关照。宋璟得知此事后,专门发文书给吏部说:"宋元超确实是我同高祖的叔父,我既不敢因为他是长辈就为之隐瞒,又不愿以私害公。如果他没有提出这层关系,吏部自然可以照章办事,现在他既然已把我们的关系声张出去,就必须矫枉过正了。请不要录用他。"看来,拥有为国为民的公心,根除私心,是避免任人唯亲的关键所在。

坚持标准。"举贤不避亲仇",也是一种传统美德,它与任人唯亲的最大区别就在于举荐的是贤人,而不是只有亲属关系而无真才实学的人,这既要有大公无私的境界,又要严格地坚持标准才行。东汉范滂曾在太守宗资手下任功曹,深得信任,奉太守之命全权处理郡中的政事。范滂的外甥李颂,虽是公侯后代,但品行低劣。宗资受他人之托,要任命李颂为官,范滂坚持认为李颂不够资格,压下宗资的任命不去征召李颂,宗资多次发怒范滂也不照办,最后宗资只得收回任命。

顶住压力。尤其是要敢于顶住来自直接上级的压力,否则,任人唯亲之外还要再加上一个任人唯上了,那可就离任人唯贤更远了。毛玠是曹操手下掌管选举人才的东曹掾,他所选用的都是清廉正直的人士。魏文帝曹丕为五官将时,托他选用自己的亲信。毛玠说:"老臣因为能奉守职责,幸而免脱罪过,现在您所说的人不符合升迁的等次,所以不敢遵命。"

管住家人。一旦官当大了,手中有权了,有的家人就会滋生非分之想,他们往往是从为子女亲属谋求官位开始的,所以堵住这个口子非常重要。王翱是明代的重臣,历经七朝,辅佐过六位皇帝,仅吏部尚书一职就干了近二十年。《明史·王翱传》记载一件事很说明问题:王翱的女婿贾杰在京外为官,王翱的夫人想看女儿就得出京,往来劳顿很是麻烦。贾杰对她说:"岳父掌管选官大权,把我调到京师,易如反掌,何必这么麻烦。"王翱夫人便向丈夫提出,王翱一听大怒,将书案一推,还打伤了夫人的脸。最终贾杰也没能调回京师。

而今，随着反腐力度的加大，选人用人的风气得到极大净化，任人唯亲的现象不多见了，但还需要多措并举、久久为功加以整肃，要从党和人民的事业出发，公平、公正、公道地选人用人；坚持原则与标准，敢于抵制不正之风，敢于动真碰硬；以实际行动让干部和群众切身感受到组织上用人的公平、公正与公道。让任人唯亲、团团伙伙、拉帮结派，甚至结成利益集团的现象永不再现！

傅昭巧拒礼

傅昭,南北朝南齐人,官至尚书左丞,入南梁后任黄门侍郎、御史中丞、左户尚书等职,为政清廉,不谋私利。《南史·傅昭传》记载了他拒礼的三个小故事,给人以很大的启示。

故事一:傅昭任安成内史时,"郡溪无鱼,或有暑月荐昭鱼者,昭既不纳,又不欲拒,遂馁于门侧"。说的是,安成郡的小河不产鱼,有人在伏暑季节向傅昭献鱼,傅昭既不接纳,又不想拒绝,便在门边养起来,供路人欣赏。

故事二:傅昭任临海太守时,"县令尝饷栗,置绢于簿下,昭笑而还之"。说的是,县令送栗子给傅昭,送的时候还把绢放置于帘子下面,傅昭笑着将栗子与绢都退还给了县令。

故事三:傅昭"性尤笃慎,子妇尝得家饷牛肉以进昭,昭召其子曰:'食之则犯法,告之则不可,取而埋之。'"上句中的"家饷",指的是家里做的食物。此故事说的是,傅昭儿媳妇曾从娘家带回别人馈赠的牛肉,傅昭把儿子叫来,说:"吃人家的牛肉是犯法的,报官也不可以,把牛肉拿去埋掉。"

可以说，这三次拒礼，傅昭拿捏得相当精准，对于下级官员，如县令的送礼，坚决退回没商量，因为这涉及送礼行贿，如接受就可能损害节操，影响今后正确行使职责。对于人家送给儿媳的食物，也不能心安理得地接受，因为人家可能是看重儿媳身后身居高位的公公，很可能是为日后有所图才送的，也不能接受，但就此予以告发又不近人情，也没有必要，索性拿到外面埋掉算了，权当是对子女的一次严格家教。对于打鱼的郡民送条活鱼来，想让郡守尝尝鲜，体现的是关爱之情，虽也不能吃掉，但不必大惊小怪，养起来供大家观赏，不失为一个好办法。

傅昭所以能做到如此，主要是他有以下三个品行：

一是他为官始终清廉。齐明帝萧鸾登基后，任命傅昭为中书通事舍人。以前任此职位的人，都势倾天下，以权谋私。唯有傅昭廉洁清正，不玩弄权术干预他事，家中的摆设和衣着都很简朴，满足于粗茶淡饭，连个烛盘都没有，他常常把蜡烛插在板床上读书。齐明帝听说此事，特意赐给他漆盒烛盘，并赐文："卿有古人之风，故赐卿古人之物。"

二是他处处以民为重。傅昭任临海太守时，郡里有一处盛产果实的地方，前任的太守皆将其封起来，不许民众来采摘，自己专收其利，独享其果。傅昭以周文王之囿苑，与百姓共享之，来开导属下官吏，自此解除了封禁。

三是不交私利，"以书记为乐"。傅昭做官，常凭借清正廉洁，治理政事，不崇尚苛政。在朝廷，没有请别人为自己办过私事，不为私利与别人交往。傅昭终日端坐，以读书记述为乐事，精神抖擞"虽老不衰"。

傅昭诚实谨慎，处世律己，从不做昧良心的事。后人对傅昭评价颇高。唐代诗人周昙写有《六朝门傅昭》一诗："为政残苛兽亦饥，除饥机在养疲羸。人能善政兽何暴，焉用劳人以槛为。"盛赞傅昭为郡守时，由于实施善政，即使不设捕捉野兽的机具和陷坑，猛兽竟不来为害州郡。

国人注重人情往来，送礼本身无可厚非，每逢佳节给亲戚朋友送上一份礼物也没什么。但人情往来与送礼行贿往往交织在一起，生活中很难区别清楚。这就要看送的是什么，为什么送，送礼收礼的人有无特殊关系，送礼过程中有无权钱交易，等等。作为一名领导干部，切不可稀里糊涂地"来者不拒""给就要"，最后堕入受贿犯罪的深渊。其实，是人情往来还是送礼行贿，收礼的一方心里往往是最清楚不过的了，借鉴傅昭的做法，时刻严格约束自己，对于那些疑似送礼行贿的，坚决予以拒收。切记，这样做比受贿事发，在法庭上拿人情往来为自己辩解要管用得多。

古人劝学有讲究

"士别三日,即更刮目相待。"三国东吴名将吕蒙的这句话,几乎被编入了所有的中华名言辞典之中,说的是与人分别数日后,就应当擦亮眼睛重新看待他的才能。

其出处是《三国志·吴书·吕蒙传》中裴松之的注释:鲁肃原本瞧不起吕蒙,接替周瑜赴任途中,与吕蒙有过一次交谈,吕蒙频频为鲁肃出谋,以对付虎踞荆州的关羽,鲁肃不由大吃一惊,拍着吕蒙后背说:你今天的才识智略,已不是当年那个"吴下阿蒙"。作为回答,吕蒙便说了那句流传千古的名言。

其实,"吴下阿蒙"的巨大变化,都是吴主孙权教诲的结果。吕蒙年轻时不好读书,每当陈述大事,常常是口授其事,由人记成奏章;那时他也就是一介勇夫而已。后来,孙权找吕蒙谈话,要他多读书。而吕蒙却为自己辩护,说军中事务太多,没有时间看书。孙权便现身说法,"如果说没有时间,谁能比我更忙,我还常常读书,自以为大有裨益"。接着细数他读过的书：少年时读《诗》《书》《礼记》《左传》《国语》；主政后读《三史》，即《史记》《汉书》《东观汉记》，读诸家兵书。孙权还说："我不是要你研究儒家经典，成为学者博士，只不过希望你大略有个印象，知道从前发生过什么事情，有个比较鉴别就够了。""眼下应该急读的书是：《孙子》《六韬》《左传》《国语》及《三史》。"

从此以后，吕蒙发奋读书，所读书目之多，往往儒士学者都比不了，很有国士风度，迅速成长为一位有谋略的将军。吕蒙终于利用关羽的性格弱点，乘蜀军攻打曹魏樊城之机，连连成功地实施骗术，使关羽全军迅速瓦解，关羽败走麦城被俘被杀，吕蒙最终为东吴夺回了荆州。孙权曾评论：吕蒙年轻时，我认为他也就是果敢有胆量罢了，后来是学问开拓了他的智慧，奇谋高策不断而来，可以说仅次于周瑜，而超过鲁肃。

孙权的这个劝学故事，说明上下之间采用现身说法最管用，自身做得好，并现身说法，才更具说服力、穿透力和感染力，以使听者听得进、听得懂，心悦诚服。而同僚之间劝学，则需要委婉含蓄，故意把话说得婉转一些，不直言其事，不使对方感到没面子，不伤害彼此的感情，拐弯抹角地表达出最终的意思。

宋代的张咏与寇准，两人是至交，其共同特点是为人耿直，不卑不亢，都是朝廷的栋梁之材。《宋史·寇准传》载，张咏在成都为官时，听说寇准当了宰相，便对他下边的官员说："寇准虽然是个不可多得的人才，但可惜在学问上还有欠缺。"后来寇准罢相，到陕州任职，适逢张咏从此路过，受到寇准的盛情招待。当张咏将要离开时，寇准问道："您有什么临别赠言？"张咏慢慢地说："《霍光传》不可不读啊。"寇准听了，一时没有弄清张咏的用意；回家后取出《汉书·霍光传》来读，读到"（霍）光不学亡（无）术，暗于大理"之处时，即霍光不爱读书，不识大局，才恍然大悟地说："这就是张咏对我的规劝啊！"从此，寇准刻苦研读，成了既忠贤又有文略的好宰相。

以老带新，以长辅幼，长者传帮带，后生赶学超，是中华民族的传统美德。老新之间劝学，则需直击要害，一针见血，以点醒对方不易自知的潜在需求，及时为其创造新的需求点，使其有醍醐灌顶之感。

《宋史·狄青传》载，狄青面有刺字，善骑射，人称"面涅将军"，每战都披头散发，戴铜面具，冲锋陷阵，立下了累累战功。朝廷中范仲淹等重臣都很器重他。范仲淹赠给他《左氏春秋》一书，并对他说："将不知古今，匹夫勇尔。"即将领不知道古今，永远只是一介勇夫。这句话虽短却力大无比，击中了狄青身上的软肋，燃起了狄青成长中新的需求。从此狄青发奋读书，"悉通秦汉以来将帅兵法，由是益知名"。《宋史·何涉传》载，儒者何涉"虽在军中，亦尝为诸将讲《左氏春秋》，狄青之徒皆横经以听"。即狄青横列经籍认真听讲。在后来的征战中，既勇猛善战又深谙兵法的狄青，屡建奇功，升迁很快，几年之间，历任泰州刺史、马军副部指挥使、枢密副使，成为宋朝少有的智勇双全的一员战将。

"以官物遗我"不喜反忧

东晋名将，官至侍中、太尉的陶侃，在唐代和宋代时都被供奉于武成王庙内。陶侃在成长过程中，受到了其母的谆谆教诲。《晋书·烈女传》载："陶侃母湛氏，豫章新淦人也。""侃少为寻阳县吏，尝监鱼梁，以一坩鲊遗母。湛氏封鲊及书，责侃曰：'尔为吏，以官物遗我，非惟不能益吾，乃以增吾忧矣。'"即陶侃年轻时担任寻阳县吏，曾经在主管渔业时，把一罐腌鱼送给母亲。湛氏立即封好鱼罐退回并写了封信，责备陶侃说："你作为官吏，把公家的东西送给我，不但不能使我得到好处，反而会因此增添我的担忧啊！"

鱼鲊，即用盐和红曲腌制的鱼，一罐鱼鲊，说起来微不足道，是完全可以忽略不计的，但陶母却小中见大，以此教育儿子要廉洁为官，对公物要不贪不占，否则会让母亲增加忧愁。

无独有偶，早在三国时代就有这样一位母亲，曾以同样的事例教育儿子。《三国志·吴书·三嗣主传》裴松之引吴录曰：孟仁，字恭武，"除为监池司马。自能结网，手以捕鱼，作鲊寄母，母因以还之，曰：'汝为鱼官，而鲊寄我，非避嫌也。'"即孟仁被朝廷任命为监池司马。他自己会编织渔网，亲手用渔网捕鱼，制作成鱼鲊寄给母亲，母亲却原物寄回还给他，说："你身为管理捕鱼的官员，却制作鱼鲊寄给我，这是不能避嫌的。"陶母的所为是否受到了孟母之启示，因典籍无记载已不得而知，但孟母的事例对后世的影响还是很大的。

《旧唐书·崔玄暐传》载：其母卢氏尝诫之曰："吾见姨兄屯田郎中辛玄驭云：'儿子从宦者，有人来云贫乏不能存，此是好消息。若闻赀货充足，衣马轻肥，此恶消息。'吾常重此言，以为确论。比见亲表中仕宦者，多将钱物上其父母，父母但知喜悦，竟不问此物从何而来。必是禄俸余资，诚亦善事。如其非理所得，此与盗贼何别？纵无大咎，独不内愧于心？孟母不受鱼鲊之馈，盖为此也。汝今坐食禄俸，荣幸已多，若其不能忠清，何以戴天履地？孔子云：'虽日杀三牲之养，犹为不孝。'又曰：'父母惟其疾之忧。'特宜修身洁己，勿累吾此意也。"

即崔玄暐的母亲卢氏曾告诫他说："我曾听姨兄屯田郎中辛玄驭说：'儿子做官的，有人来说他贫穷得无法生活，这是好消息。如果听说他钱财充足，穿着轻软的裘，骑着肥壮的马，这便是坏消息。'我平时很重视这些话，认为这是确切不疑之论。近来看见亲戚中做官的，多将钱物送给他们的父母，而父母只知道高兴，竟不问这些财物从何而来。如果真是俸禄剩下来的钱，的确是好事；如果是不正当的收入，这与盗贼又有什么区别？即使不带来大的灾祸，难道心里不感到惭愧？"

卢氏引用三国时孟仁的母亲不接受儿子送她腌鱼的典故，教育儿子应当如何来尽孝道。卢氏说："你今天坐食国家俸禄，已够荣幸的了，如果不能尽忠清廉，又凭什么立身于天地之间？孔子说：'即使每天杀牛、羊、猪来奉养父母，还是觉得不够孝顺。'又说：'做父母的只担心儿子的疾病。'你尤其应当修身养心，保持廉洁，不要违背我这番心意！"

崔玄暐谨从母教，官职越来越高，直至升为宰相，却性情耿直，清廉如玉，从不私下接受官员请托，为老百姓做了不少好事，多次受到武则天的盛赞。可以说崔玄暐的廉洁品格，就是他母亲教育的结果。

当下，倡导领导干部要把家风建设摆在重要位置，要做的工作有很多，但要突出主要矛盾，要从领导干部自身抓起，廉洁修身，持家教子，自身行得正做得好，才能对家庭成员进行有效的说教和管控，逐步形成一个好的家风，并世代传承下去。

漫话"一字师"

所谓"一字师",特指订正一字之误读或更换诗文中一二字者,即可为自己的老师。究其来源,查遍"百度"等网页,一般都认为来自唐代郑谷与齐己两位诗人之间的故事。

宋代戴埴《鼠璞·卷上》载:"陶岳《五代史补》:齐己携诗诣郑谷,泳早梅云:'前村深雪里,昨夜数枝开。'谷曰:'数枝非早也,未若一枝开。'齐己拜谷为一字师。"即据宋代人陶岳《五代史补》的记载:唐代的一位出家当和尚的诗人齐己,写好了一首赞颂早梅的诗,就带着这首诗到诗人郑谷的隐居处,请郑谷指教。其中有两句写道:"前村深雪里,昨夜数枝开。"郑谷看过后就对齐己说:"如果已经开了数枝,就不算早梅了,不如改为'一枝开'为好,开了一枝,就称得上早梅了。"齐己听后非常佩服,认为改得好,于是就拜郑谷为一字之师。

实际上,史上更早求一字之师的,似乎是战国时期秦国的吕不韦。《史记·吕不韦列传》载:"吕不韦乃使其客人人著所闻,集论以为八览、六论、十二纪,二十余万言。以为备天地万物古今之事,号曰《吕氏春秋》。布咸阳市门,悬千金其上,延诸侯游士宾客有能增损一字者予千金。"即吕不韦让他的宾客们人人动笔,把自己知道的事情都写出来,他把这些论著编辑成了八览、六论、十二纪,共20多万字。他认为天地之间、古往今来的万事万物在这部书里无所不包,所以称之为《吕氏春秋》。他把这部书公布在咸阳市场的大门上,并在上面悬赏千金,邀请各国的游士宾客们来看。说是谁能够给这部书增加或删掉一个字,就把这千金送给他。当然,吕不韦的这个举动,表面上是为修改文章书稿,其实是出于政治目的,通过公开宣布自己的主张,企图以相国之尊,迫使秦王能完全依照自己的主张来行事与施政,既维持秦国的长治久安,更能维持自己的地位和权力。

自吕不韦之后,发生在文人之间的"一字师"的故事,就层出不穷,仅宋代就有好几个。如宋代李如篪《东园丛说·卷下》载:"闻之前辈云,范文正公作严子陵《钓台记》,其文已就,召人能为改一字者,当有厚赠。有一士人乞改一字。《钓台记》云:'云山苍苍,江水泱泱;先生之德,山高水长。'乞改'德'字作'风'字。大喜,遂改'风'字,因厚赠之。改'德'字作'风'字,虽只一字,其意深长,文益大增胜矣。"即笔者曾经听前辈们说过这样一件文坛上的趣闻:北宋名臣、著名文学家范仲淹,曾经为纪念东汉隐士严子陵,写了一篇《钓台记》。写完之后,他说,如果谁为他的这篇文章改动一个字,就一定给那个人厚赏。后来有一位读书人果真为他的这篇文章改了一个字。原文中曾经有这样两句话："云山苍苍，江水泱泱；先生之德，山高水长。"这个读书人将其中的"德"字改为"风"字。范仲淹听了这位读书人的意见后，非常高兴，认为改得好，因而大大奖赏了这位读书人。改"德"字为"风"字，"风"有"风传千里""风流千古"的意味，更能反映对严子陵崇敬的意思。虽然只是一字之改，其意义非常深远，使文章的风韵格调也大大地提高了。

又如《宋人佚事汇编·卷十七》载："杨诚斋在馆与人谈晋于宝，一吏进曰：'乃干宝，非于宝。'问：'何以知之？'吏取韵书'干'字下注云：'晋有干宝。'诚斋大喜曰：'汝乃吾一字师！'"即南宋诗人杨万里，号诚斋，在馆舍和别人谈东晋的史学家于宝，一个小吏进言道："是干宝，不是于宝。"杨万里问他："你怎么知道？"小吏便拿出韵书指着"干"字条下面的注释说："晋有干宝。"杨万里非常高兴地说："您是我的一字师！"

孔子说过"三人行，必有我师焉"。看来成为老师之人，不仅在课堂上，而存在于日常生活中的每个人，只要其在某一方面哪怕是很小一方面教导过他人，就应尊称其为老师。这样才能永不自满，不断丰富和提升自己。

列之绘素，目睹而躬行

"列之绘素，目睹而躬行"，是唐代白居易《批李夷简贺御撰"君臣事迹屏风"表》中的名句，大意是像绘画一样将其陈列开来，让人能随时看到而躬身实践。南宋洪迈《容斋随笔·君臣事迹屏风》篇，详细记述了此事。

唐宪宗元和二年（807），皇上李纯留意阅读历代典籍，采用《尚书》《春秋后传》《史记》《汉书》《三国志》《晏子春秋》《吴越春秋》《新序》《说苑》的内容，归纳出君臣行事可为借鉴者，集成14篇，并亲自作序，写于6扇屏风之上，陈列于御座右侧，宣示给宰臣观看及警惕。好多大臣为此事进表称贺，翰林学士白居易奉命草拟诏书，回答李夷简以及文武百官等人的贺表。诏书中有这样的句子："取而作鉴，书以为屏。与其散在图书，心存而景慕，不若列之绘素，目睹而躬行。庶将为后事之师，不独观古人之象。"大意是说，取这些事迹以为借鉴，书写于屏风供大家观览。与其散在图书之中，只能心存仰慕，还不如像绘画一样将之陈列开来，人人能随时看到它而躬身实践。如此能得到"前事不忘，后事之师"的良好启发，而不只是单独观赏古人之言行而已。白居易还说："森然在目，如见其人。论列是非，既庶几为坐隅之戒；发挥献纳，亦足以开臣下之心。"即这些事迹时刻摆在眼前，就像看见他们本人一样。讨论所列事迹的是是非非，希望可作为大家的借鉴，发扬进言和采纳的风气，也足可以启发臣子的忠心。唐宪宗李纯为使自己和臣下都能做到勤政廉政，可谓别出心裁，费尽功夫，尽管他后期将制作屏风的初心丧失殆尽，荒于游玩饮宴，死于宦官之手，饱受诟病，但书屏风立于侧，不失为自警自励的一种好形式。

其实，寻找为官榜样，在官衙和官邸内，以文字和绘画等形式张扬出来，求得自警自励，古而有之。据《北史》和《周书·申徽传》记载，申徽一生勤勉为政，事必躬亲，官至右仆射、骠骑大将军。申徽曾出任泛荆州地区的襄州刺史。这一地区原属南朝，刚刚归附北周，按旧日风俗，官员们相互交往都要馈赠钱财。申徽廉洁谨慎，于是就画了汉代廉吏、丞相杨震的像，并书写"天知，神知，我知，子知"的四知条幅，挂在自己的卧房，来自我告诫，并警示他人勿来送礼。申徽所去的襄州，官员之间交往讲究送钱送财，用现在的话说大环境不够好，虽然史书没有写，估计申徽对此也改变不了多少，但他自己却做到了清廉如玉、洁身自好。可见"四知"足畏，足以警戒自己，足以震慑贪吏。

盛唐以后，朝廷和官吏"列之绘素"的就更多了。《宋史·张田传》载，张田任广州知州后，为使自己始终保持廉洁定力，专门搞了个"钦贤堂"，绘制古代清廉刺史像悬挂其中，"日夕师拜之"。堂内的画像究竟仅仅是广州刺史中的清廉者，如晋代饮贪泉而不贪的吴隐之等人，还是泛指那些古代清廉刺史，已不得而知；"日夕"虽在古汉语中既指傍晚又指日夜，估计张田还是每天傍晚都要拜一拜古廉吏像，以反思自己一天的行为有无不廉之处。

时至今日，很多人都会把自己喜欢的诗文或笔墨挂在墙上，或放在座位的右边，写在日记扉页上，压在办公桌玻璃板下，既当了观赏品又能时刻激励和提醒自己。当然，如此"列之绘素"还只是一种形式，上墙更要上心，要真正落实到行动上才成。

成语中的西汉廷尉众生相

人们对成语"门可罗雀",再熟悉不过了。它就是由汉代廷尉翟公的遭遇与感叹而来的。《汉书·张释之传》载:"先是,下邽翟公为廷尉,宾客亦填门,及废,门外可设爵罗。后复为廷尉,客欲往,翟公大署其门,曰:'一死一生,乃知交情;一贫一富,乃知交态;一贵一贱,交情乃见。'"即翟公任廷尉,权势很大,拜访的人很多,终日门庭若市。被罢官后,门外冷冷清清,可设网捕雀。后来,翟公官复原职,这些人又想来投靠,他便在门上写了上述24个大字。

廷尉,战国时秦始设,汉代沿袭设置,掌刑狱,为最高司法官。唐代颜师古《汉书注》载:"廷,平也。治狱贵平,故以为号。"三国吴韦昭《辨释名》载:"尉,罚也,言以罪罚奸非也。"汉景帝中元六年(前144)将廷尉更名为大理,汉武帝建元四年(前137),改大理为廷尉,汉哀帝元寿二年(前1),又改廷尉为大理。从汉文帝到汉哀帝大体上一百七八十年的时间里,有名有姓又有传记的廷尉,有十多位,干的时间长的有 18 年之久（于定国），有的则只干了一两年，但在史上却都留下了一两个成语。透过这些璀璨的成语明珠，可以还原发生在廷尉身上的那些故事。

汉文帝时的廷尉张释之，有句名言："廷尉，天下之平也。"即廷尉，是为整个天下持平的。他严于执法，当皇帝的诏令与法律发生抵触时，仍能执意依法办案，以执法公正不阿闻名。成语"一抔黄土"说的就是他。一抔，即一捧，此成语后指坟墓。《汉书·张释之传》载："其后人有盗高庙座前玉环，得，文帝怒，下廷尉治。案盗宗庙服御物者为奏，当弃市。上大怒曰：'人亡道，乃盗先帝器！吾属廷尉者，欲致之族，而君以法奏之，非吾所以共承宗庙意也。'释之免冠顿首谢曰：'法如是足也。且罪等，然以逆顺为基。今盗宗庙器而族之，有如万分一，假令愚民取长陵一抔土，陛下且何以加其法乎？'文帝与太后言之，乃许廷尉当。"即有一次，有人偷了高祖庙神座前的玉环，文帝大怒，将小偷交由张释之处理。张释之依盗窃宗庙服饰器具的罪判小偷死刑。文帝对这一判决大为不满，大怒道："这个人无法无天，竟偷盗先帝庙中的器物，我把他交给廷尉，就是想要灭他全族，而你却按照条文来判他一个人死罪，不是我恭奉宗庙的本意。"张释之脱帽叩头谢罪说："依照法律这样处罚已经足够了。况且在罪名相同时，也要区别犯罪程度的轻重不同。现在他偷盗祖庙的器物就要处以灭族之罪，万一有愚蠢的人去盗汉高祖墓一捧（把）土，陛下用什么刑罚惩处他呢？"皇上与太后协商后，才批准了张释之的处理意见。"张廷尉由此天下称之。"

与张释之齐名的是汉宣帝时的廷尉于定国。《汉书·于定国传》载:"其决疑平法,务在哀鳏寡,罪疑从轻,加审慎之心。朝廷称之曰:'张释之为廷尉,天下无冤民;于定国为廷尉,民自以不冤。'"即于定国廷尉,判案公允,尽可能体恤鳏寡孤独之人,不是特别肯定的犯罪,都尽量从轻发落,格外注意保持审慎的态度。朝廷上下都称赞他说:"张释之任廷尉,天下没有受冤枉的人;于定国任廷尉,百姓都自认为不冤枉。"成语"罪疑从轻"说的就是此事。

而成语"公正执法",指的是汉成帝时的廷尉孔光。《汉书·孔光传》载,孔光任廷尉时,"定陵侯淳于长坐大逆诛,长小妻乃始等六人皆以长事未发觉时弃去,或更嫁。及长事发,丞相方进、大司空武议,以为:'令,犯法者各以法时律令论之,明有所讫也。长犯大逆时,乃始等见为长妻,已有当坐之罪,与身犯法无异。后乃弃去,于法无以解。请论。'光议以为:'大逆无道,父母妻子同产无少长皆弃市,欲惩后犯法者也。夫妇之道,有义则合,无义则离。长未自知当坐大逆之法,而弃去乃始等,或更嫁,义已绝,而欲以为长妻论杀之,名不正,不当坐。'有诏光议是"。即定陵侯淳于长犯了大逆不道之罪被杀了,淳于长的小妾乃始等6人都在淳于长犯罪的事被发觉之前被他抛弃,有的重新嫁了人。等到淳于长的事情发生之后,丞相方进、大司空何武商议,认为"按照法令,犯法的人都要以犯法时的法律论处,在时间上有明确的界限。淳于长犯大逆不道罪的时候,乃始等人是他的妻子,已经犯有株连之罪,跟自己犯罪一样。她们在犯罪之后才离开他,按照法律是没法免罪的。请陛下裁定"。孔光认为"犯了大逆不道的罪,罪犯的父母、妻子、子女以及同母、亲属,无论年纪大小,都应该处斩,弃尸街头,以此来警戒今后犯法的罪人。而夫妇之间的法则,是相互之间有情义就结合,没有情义的话就分离。淳于长自己不知道要犯下大逆不道的罪,就抛弃了乃始等人,她们有的重新改嫁了,夫妻之间的情义已绝,如果还要认为她们是淳于长的妻子,来杀掉她们,名义上不正当,因此不应当牵连判罪"。汉成帝下诏书,肯定孔光的意见正确。众人都称赞孔光公正执法。

　　汉武帝时的廷尉多为酷吏,反映他们的成语,就多属于贬义了。如"腹诽之罪",人的话没说出口,只在腹中诽谤就构成死罪了,特指的是廷尉张汤。《史记·平准书》载:"而大农颜异诛。初,异为济南亭长,以廉直稍迁至九卿。上与张汤既造白鹿皮币,问异。异曰:'今王侯朝贺以苍璧,直数千,而其皮荐反四十万,本末不相称。'天子不说。张汤又与异有郤,及有人告异以它议,事下张汤治异。异与客语,客语初令下有不便者,异不应,微反唇。汤奏当异九卿见令不便,不入言而腹诽,论死。自是之后,有腹诽之法比,而公卿大夫多谄谀取容矣。"即大司农颜异被杀了。颜异曾在济南郡里当过亭长,因为廉洁正直慢慢升到了九卿一级的大司农。天子与张汤商量发行"白鹿皮币",征询颜异的意见,颜异说:"王侯们朝见天子是用苍璧作礼物,其本身价值不过数千文,而作衬垫用的皮币反而价值四十万,本末倒置,未免太不相称了。"天子听了不太高兴。张汤本来就与颜异有矛盾,恰好这时有人因其他问题告发颜异,案子交给张汤审理。颜异和他的门客谈话,门客提到了造"白鹿皮币"的诏令有些不恰当,颜异没有回答,只是嘴唇悄悄动了一下。于是张汤便举奏颜异,说他身为九卿,看到法令有不妥当之处,不是直接对天子讲,而是在肚子里诽谤,其罪该死。从此以后,就有了"腹诽之罪"这一条,颜异也成了历史上第一起因腹诽之罪被处死的"罪犯"。朝廷里的公卿大夫也就都对天子阿谀谄媚但求保官保命了。

又如成语"杜周深刻",指心地阴险,媚上欺下,执法严峻苛刻。说的是廷尉杜周。《汉书·杜周传》载:"周少言重迟,而内深次骨。宣为左内史,周为廷尉,其治大抵放张汤,而善候司。上所欲挤者,因而陷之;上所欲释,久系待问而微见其冤状。客有谓周曰:'君为天下决平,不循三尺法,专以人主意指为狱,狱者固如是乎?'周曰:'三尺安出哉?前主所是著为律,后主所是疏为令;当时为是,何古之法乎!'"即杜周寡言少语,性情缓慢,但内心严酷。杜周担任廷尉,他的治理大多仿效张汤而善于窥察皇上的意图。皇上想要排除的,就顺势陷害他;皇上想要宽恕的,就让他久囚待审,并暗中察访,显露他的冤情。门客中有人责备杜周说:"您替天子判决案件,不遵循既定的法律,专门按照君主的意旨办理案件,司法官吏应该是这样吗?"杜周说:"法令怎么产生的呢?从前君主认为正确的就制定成为法律,后来的君主认为正确的写下来为法令;适合当时情况就是正确的,何必运用过去的法律呢?"

"耳剽目窃",指用耳目剽窃得来的,局限于个人耳闻目睹的肤浅片面的感性认识。此成语说的是汉成帝时的廷尉朱博。《汉书·朱博传》载:"迁廷尉,职典决疑,当谳平天下狱。博恐为官属所诬,视事,召见正监典法掾史,谓曰:'廷尉本起于武吏,不通法律,幸有众贤,亦何忧!然廷尉治郡断狱以来且二十年,亦独耳剽日久,三尺律令,人事出其中。掾史试与正监共撰前世决事吏议难知者数十事,持以问廷尉,得为诸君覆意之。'正监以为博苟强,意未必能然,即共条白焉。博皆召掾史,并坐而问,为平处其轻重,十中八九。官属咸服博之疏略,材过人也。每迁徙易官,所到辄出奇谲如此,以明示下为不可欺者。"即朱博升任廷尉,职责是掌管解决疑难之事,主持平议天下的狱讼。朱博担心被属吏所欺骗,任职后,召见正监典法掾吏,对他们说:"廷尉(我)本来是武官出身,不通晓法律,幸而有诸位贤吏,又有什么可担忧的?然而廷尉(我)自从治理郡县,判决狱讼以来将近二十年,单单是耳闻所得的时间也很长了,三尺法律条文,人事尽在其中。掾吏试着和正监一起写出,过去判决狱讼时官吏讨论难以明白的几十个案件,拿来询问廷尉(我),廷尉(我)能够替你们再行判断。"正监认为朱博只是要逞强,料想他不一定能够做到,就陈述出来。朱博把掾吏都召来,一同坐着来考问,朱博为他们判断刑罚的轻重,十个里说对了八九个。属吏都佩服朱博的干练,才能超过常人。朱博每次升调改换官职,所到之处总是用这样奇特怪异的手段,来明确地告诉下属自己是不可以欺瞒的。本传最后写道:"博驰骋进取,不思道德,已亡可言。"即朱博追逐权力,道德败坏,注定要亡身的。果然,朱博后来因投错主子被查而自杀。

　　从上述七个成语中，让人们足以看清了好坏廷尉之别。看来，生动凝练、形象鲜明、内涵丰富、意义深远的成语，确是中华民族语言文化的精华，无论在词性上是褒义还是贬义，都需要好好学习和掌握啊！

曹操为《孙子兵法》写序作注

曹丕在《典论》中写道:"上(曹操)雅好诗书文籍,虽在军旅,手不释卷。每每定省从容,常言人少好学则思专,长则善忘。长大而能勤学者,惟吾与袁伯业耳。"即曹操极爱好经典诗书及诸典籍,虽行军打仗仍手不释卷。每次我去问安,常对我说:年少时学习则专心思考,年老则好忘。长大后能勤奋学习者,只有我和袁遗(字伯业,袁绍堂兄)。南北朝时颜之推《颜氏家训·勉学篇八》载:"魏武、袁遗,老而弥笃。此皆少学而至老不倦也。"即曹操、袁遗,老而更专心致志;这都是从小学习到老年仍不厌倦。这两段文字,形象地道出了曹操一生好学的品格。

曹操的一生,坚持边打仗边学习边写作,尤其是所著兵书多的是。《三国志·武帝纪》注引《魏书》载,曹操"自作兵书十万余言,诸将征伐,皆以新书从事。临事又手为节度,从令者克捷,违教者负败"。"御军三十余年,手不舍书,昼则讲武策,夜则思经传。"说的是,曹操自己编著了10万多字的兵书。征战中，曹操营垒的众将领，全都按曹操的兵书来打仗，具体战事前，曹操还教以战法，完全按曹操教授的就能取胜，否则就会失败。曹操统兵30多年，他的手上从来不放下书册，白天讨论军事策略，晚上就深思研究经史典籍。曹操不死读书本，还结合实战，续写新兵书，其著作颇丰。据《隋书·经籍三》记载：曹操撰有《续孙子兵法》二卷、《兵书接要》十卷、《兵法略要》九卷等兵法书籍。

曹操对古代军事理论的最大贡献，是整理和注释了孙武的《孙子》，即《孙子兵法》。曹操一是删校，二是注释，并写了著名的不足200字的《孙子兵法序》，称"吾观兵书战策多矣，孙武所著深矣"。"审计重举，明画深图，不可相诬。而但世人未之深亮训说，况文烦富，行于世者，失其旨要，故撰为略解焉。"即我读过的有关作战和谋略的书很多，觉得孙武著的兵法论述得最为精辟。《孙子兵法》中表现了孙子周密思考、慎重采取军事行动的思想，筹划明确而图谋深远，这是不容曲解的。但是，后人对《孙子兵法》没有做深入明确的解说，况且该书文字繁多，流行在社会的失去了原来的主要精神，所以我为《孙子兵法》做了扼要的解说。曹操的《孙子注》对《孙子兵法》13篇的文字，几乎是每句必注，有解释、有理解、有发挥，还不时举例说明。

如在《计篇》中，孙子原文："将者，智、信、仁、勇、严也。"曹公曰："将宜五德备也。"孙子原文："天地孰得。"曹公曰："天时、地利。"孙子原文："兵者，诡道也。"曹公曰："兵无常形，以诡诈为道。"在《作战篇》中，孙子原文："是故百战百胜，非善之善者也；不战而屈人之兵，善之善者也。"曹公曰："未战而敌自屈服。"孙子原文："故用兵之法，十则围之。"曹公曰："以十敌一则围之，是将智勇等而兵利钝均也。若主弱客强，不用十也，操所以倍兵围下邳生擒吕布也。"在《行军篇》中，孙子原文："故令之以文，齐之以武。"曹公曰："文，仁也；武，法也。"在《地篇》中，孙子原文："犯三军之众，若使一人。"曹公曰："犯，用也。言明赏罚，虽用众，若使一人也。"

时至今日，很多出版的《孙子兵法》类书籍，都在开篇引用司马迁《史记》中的《孙子列传》，以介绍孙子的生平事迹，再就是引用曹操的《孙子兵法序》，以使人们了解《孙子兵法》的要旨，可见对曹操整理和注释《孙子兵法》的成就，后世之人的认可度有多高。可以说，正是对前人军事理论的细心研究，理论上的深造，才使曹操成为屡破强敌、纵横天下的军事家。

漫话石经

在北京孔庙里,"乾隆石经"完整无缺地排成数列纵队,于长廊内铺陈开去,俨然就是一片碑的战阵、碑的丛林。其规模之巨、书法之精、保存之善,令人赞叹不已,且心生敬畏。在这里看到了中华文化的博大精深,看到了儒家文化如同碑石般的厚重,更看到的是那令人尊敬的一批批儒者,始终坚守自己的文化信仰,为后人留下了如此稀世之宝。相信凡是看过石经的国人,文化自豪感一定是满满的。

乾隆石经

清代江苏金坛的贡生蒋衡自幼喜好书法,经常云游四方。他在西安碑林见唐代"开成石经"出于众手,不仅书写杂乱又有失校核,便决心重新手写经书。蒋衡前后用了12年时间以楷书手写"十三经"的全部内容。这中间朝廷曾两次任命蒋衡为官，他都推辞不去上任，埋头书写经文。经文写成后，由江南河道总督高斌呈报朝廷，被收藏于懋勤殿。乾隆五十六年（1791），朝廷以此为底本，组织人力，用四年时间于乾隆五十九年（1794）刻成石经，史称"乾隆石经"，立于国子监。石碑均为圆首方座，高305厘米，宽106厘米，厚31.5厘米，额篆书："乾隆御定石经之碑"，碑文楷书，两面刻字，共189块，约63万字。同时以墨拓本颁行各省。

前面提到的唐代的"开成石经"，是唐文宗接受国子祭酒郑覃的奏议同意刻制的"开成石经"，由艾居晦、陈珍等人用楷书书写，花费七年刻成，立于国子监内，由114块巨大的青石组成，每块石碑约2米高，碑上共刻了65万多字，内容包括《周易》《尚书》《诗经》《周礼》《仪礼》《礼记》《春秋左氏传》《春秋公羊传》《穀梁传》《论语》《孝经》《尔雅》十二经。其目的就是保证经典的准确性，防止因用多人传抄的方式记录经典文字，造成的各种混乱和大量笔误，影响科举考试的严肃性。"开成石经"成为当时读书人的必读之书，同时也是读经者抄录校对的标准。它是中国最早的考试教材。遗憾的是，明代关中大地震之后，藏于西安碑林的"开成石经"损毁严重。现有的拓本多有残缺，就是例证。

其实，刻制石经，最早起于东汉后期。《后汉书·蔡邕传》载，熹平四年（175），负责东观校书的议郎、大儒蔡邕，有感于经籍距圣人著述的时间久远，文字错误多，被俗儒牵强附会，贻误学子。于是与五官中郎将堂溪典，光禄大夫杨赐，谏议大夫马日䃅，议郎张训、韩说，太史令单飏等人，奏请校订改正"六经"的文字。汉灵帝予以批准，蔡邕于是用红笔亲自将文字写在石碑上，让工人刻好。共刻有碑石46块，刻写了7部儒家经典：《周易》《尚书》《诗经》《仪礼》《春秋》《公羊传》《论语》，立在太学门外。这就是中国第一部石经——"熹平石经"。后来的儒生，都以此为标准经文。这部石经在董卓之乱时开始散佚，碑石现已全部毁坏，仅剩下一些残石。汉代以后至唐代以前，有的朝代沿袭了汉代刻石经的习惯，但却鲜有保存下来的石经，唯有唐代和清代的石经一直保存到今天。

我国各朝代之所以屡次刻制石经，是因为它的巨大作用：一是有助于烘托和树立经典之神圣形象，使人们见而敬之。二是有助于保存经典，弥补经书容易腐坏，不易保存的缺点。三是提供皇家认可的儒家经典的标准版本，有利于防止经书出自各门，不尽统一。四是便于经典的广泛流传。《蔡邕传》载："及碑始立，其观视及摹写者，车乘日千余两，填塞街陌。"就是例证。五是儒家经典刻石成为图书版本的源头。《旧五代史·冯道传》载，后唐明宗时，宰相冯道、李愚委托学官田敏，以唐朝郑覃的"开成石经"的十二经为据，采用雕版印刷术，印制出售《九经》，此事得到后唐明宗的同意。雕印儒经工作，从后唐长兴三年（932）开始，到后周广顺三年（953）才全部完成，历经后唐、后晋、后汉、后周四个朝代，用了21年的时间，共印经书十二部。《资治通鉴》卷291记载，刻板完成后，进献朝廷。从此，虽然世道大乱，但《九经》的传布仍然很广。后人称赞此举以后"天下书籍遂广"。"乾隆石经"一经完成，朝廷也是立即拓印后发至各省。

现在，石经的上述实用价值早已失去，然而它所传递出的精神力量，尤其是古代学者的敬业与执着，对经典完整性、准确性的精心呵护，钻研学问年复一年、心无旁骛的劲头，凡出成品定要精益求精、尽善尽美的精神，为历史为民族为后人负责的历史使命感等，作为中华文明的重要组成部分，必将永远发挥着巨大作用，激励着国人奋勇向前！

古人强化记忆有妙招

可以说,"学习"这个词,就包含"学"与"习"两个方面,当然也包括"强记"即勉强死记在内了。在中华传统文化里,"强记"明显带有正面肯定的含义,它是一个人综合素质强的重要组成部分,是一种特殊能力。诸多典籍都有这方面的记载。如《史记·孟子荀卿列传》载:"淳于髡,齐人也。博闻强记,学无所主。"即淳于髡是齐国人,见识多记性好,学东西不专注于一家之言。如贾谊《新书·保傅》载:"博闻强记,捷给而善对者谓之承。承者,承天子之遗忘者也,常立于后,是史佚也。"即博闻强记、应答敏捷的人叫作承。承,就是承接天子遗忘的人,常常站在后边,这人就是史佚(周朝史官,与姜太公、周公、召公并称四圣)。又如《旧唐书·崔慎由传》载,崔慎由"聪敏强记,宇量端厚,有父风"。即唐朝宰相崔慎由,聪明敏捷,记忆力超强,度量宏达,端正温厚,有其父(崔从,官至检校左仆射,不交权力,忠厚方严,世人皆多仰慕)之风。现今对"强记"流行的负面说法是"死记硬背",被认为是落后的、保守的教育特征。其实,强行记忆是学习的必需,绝不能用一句话"死记硬背"就加以全面抹杀。

天生就能强记的人有,但大多数人的记忆能力则是后天经过努力而获得的。明末清初文学家叶奕绳就是一个典型的例子。清代张尔岐在《蒿庵闲话》中,写有一篇《叶奕绳尝言强记之法》:"某性甚钝,每读一书,遇所喜即札录之,录讫,朗诵十余遍,粘之壁间,每日必十余段,少也六七段。掩卷闲步,即就壁间观所粘录,日三五次以为常,务期精熟,一字不遗。壁既满,乃取第一日所粘者收笥中。俟再读有所录,补粘其处。随收随补,岁无旷日。一年之内,约得三千段。数年之后,腹笥渐满。每见务为泛滥者,略得影响而止,稍经时日,便成枵腹,不如予之约取而实得也。"说的是,叶奕绳曾经谈到读书能记得住的方法说:"我的记忆力非常迟钝,每读一本书,遇到喜爱的段落,就把它抄写下来,抄写完毕,再朗读十几遍,然后粘贴在墙壁之间,每天一定抄写粘贴十几段,至少也是六七段。合上书本随便散步,就走到墙壁间观看粘贴的文章,每天三五次,力求精通熟练,一字不漏。墙壁上贴满之后,就把第一天粘贴的取下来,收放在箱子里。等到再读书有抄写的文章,就补贴在那个地方。随时收放随时补贴,一年到头没有耽误的日子。一年之内,大约能抄写3000段。几年之后,脑子里装满了文章。我常常看致力于泛泛大量读书的人,稍微有点收获就停止了,很短时日,便成空白,不如我每次取得很少而实际上确有所得。"

时至今日,论述如何增强记忆的专著多的是,方法也是五花八门的，有抄一段读一段的抄诵法，通过内容中表示时间方位的词语来提示的时空法，按依次出现的人物来记忆的人物法，借助故事梗概来回忆的情节法，依据提纲练习背诵的提纲法，等等，不一而足。其实，借鉴叶奕绳的经验之谈，要想增强记忆力，练就强记本事，无非就是"四多"，即多看、多抄、多读、多听，这"四多"既简单明了又有操作性，可能还挺管用，不妨试上一试。

范晔自述《后汉书》的论与赞

前四史中的《后汉书》，为南朝宋时期的史学家、文学家范晔所著，书中虽然没有自序篇，但后世学者们一般都认为，《宋书·范晔传》中所载的范晔《狱中与诸甥侄书》，完全可以看作是该书的自序篇。细读此文，发现范晔尤其看重他写作《后汉书》中的"论"与"赞"。有学者统计过，《后汉书》各纪、传中有论的达110多篇，15000余字，只《文苑列传》等少数几篇没有论。《后汉书》有赞的90篇，在每篇纪、传后面基本上都有，3000多字。今日读这部经典，不能不认真品味其中的"论"与"赞"。

《后汉书》中"论"的体裁，有一人一事的独论，也有数人数事的合论，还有通篇的总论等；论的位置，多数在篇末，也有在篇中的。可以说，论是范晔史论的重要组成部分。范晔在《狱中与诸甥侄书》中写道："吾杂传论，皆有精意深旨，既有裁味，故约其词句。至于《循吏》以下及《六夷》诸序论，笔势纵放，实天下之奇作。其中合者，往往不减《过秦》

篇。尝共比方班氏所作，非但不愧之而已。"即我的杂传论述都有深刻的含义，想使它们更典范一些，所以其中的词句非常简洁。至于《循吏传》和《六夷》等篇的序论，文章气势纵横捭阖，确实是天下奇文。其中好的地方，往往不比《过秦论》逊色。我曾经和班固的文章进行比较，发觉不仅不比他差，甚至有过之而无不及。

范晔所作的各论，基本上是根据所谓的"天命"，来解释东汉王朝的兴亡，并具体地评议东汉一代的为政得失。东汉后期操纵国家机器的外戚、宦官两股政治势力，在范晔笔下的所论里，也被揭露得淋漓尽致。更多的是运用儒家道德标准，援引《周易》《诗经》《论语》《孟子》《左传》等，作为人们的行为准则，来评论历史人物的是非。以《杨震传》为例："论曰：孔子称'危而不持，颠而不扶，则将焉用彼相矣'。诚以负荷之寄，不可以虚冒，崇高之位，忧重责深也。延光之间，震为上相，抗直方以临权枉，先公道而后身名，可谓怀王臣之节，识所任之体矣。遂累叶载德，继踵宰相。信哉，'积善之家，必有馀庆'。先世韦、平，方之蔑矣。"即孔子说：在危急的时候你不援助，那么要你做什么。的确因为重要的托付，不能用徒有虚名的人来假充，显贵的位置，忧患责任也深重啊。延光年间，杨震为丞相，用公正端方的态度来对待当权者，以公平道义为先，以自身得失为后，可以说是心怀国家的节操，知道自身所任职位的职责啊。自然是世代积德，后人相继担任宰辅。确实是这样啊，积善的家庭，德泽必然遗及子孙。西汉的韦贤、韦玄成父子，平当、平晏父子相继为相，世所推崇，但在杨震面前都变得微不足道了。

《后汉书》中的"赞",更是范晔自视很高的一部分内容。他在《狱中与诸甥侄书》里写道:"赞自是吾文之杰思,殆无一字空设,奇变不穷,同合异体,乃自不知所以称之。"即赞自然是我文章中最出众的,可以说,没有一个字是多余的,奇巧变化,令人目不暇接,同中有异,异中有同,我不知道该怎样来夸赞它们。

所有的"赞",范晔全都是用四字一句的语句来写的,有的概括史实,有的另发新意,以补"论"的欠缺。总之,是从理性的高度来表达自己对某些问题的总认识,对传记人物作出最简要的评价,并揭示出每个人物的性格特征。仍以《杨震传》为例,"赞曰:杨氏载德,仍世柱国。震畏四知,秉去三惑。赐亦无讳,彪诚匪忒。脩虽才子,渝我淳则"。大意是,杨氏积德,世代为国家柱臣。杨震敬畏"四知"(天知、神知、我知、子知),杨震之子杨秉去"三惑"(酒、色、财),杨震之孙杨赐直言无忌,杨赐之子杨彪也没有邪恶之心,杨彪之子杨修虽是才子,却改变了淳厚的道德规范。

同心之言，其臭如兰

"同心之言，其臭如兰"，语出自《易经·系辞上》，其中的"臭"字，指的是气味。这句话的意思是，意气投合的言论，其气味就像兰草那样芬芳。用上述八个字，来形容唐代韩愈与贾岛两位大诗人的深挚情谊与诗词往来，再恰当不过了。

两人的友谊，要从著名的"推敲"故事说起。明代冯梦龙《古今谭概》载："贾岛初赴京师，一日于驴上得句云：'鸟宿池边树，僧推月下门。'已，欲改'推'字为'敲'。商之未定，遂于驴上吟哦，时时引手作势。时韩愈吏部权京兆尹，岛不觉冲至第三节，左右拥至尹前，尚为手势推敲未已。愈问知之，为定'敲'字。"即贾岛刚到京城长安的时候，有一天，他骑在驴背上琢磨"鸟宿池边树，僧推月下门"的诗句。过了一会儿，打算把"推"字改为"敲"字。正在琢磨未定，于是就骑在驴背上吟咏诵读，不时地用手来作推、敲的姿势。这时正赶上吏部侍郎代理京兆尹的韩愈出行，贾岛没有觉察到已经冲撞进了仪仗队里，护卫韩愈的左右侍从一起拥到韩愈跟前去保护他，而贾岛用手作推、敲的姿势还没有停下来。韩愈问清楚这件事后，替他确定用"敲"字。

这个故事，被好多文人记载在自己的著述中，后蜀何光远《鉴戒录·贾忤旨》、元代文学家辛文房《唐才子传·贾岛传》等，所述情节略有不同，多加了自此两人结为至交的情节。如《贾忤旨》载："遂并辔归，共论诗道。结为布衣交，遂授以文法。去浮屠，举进士，自此名著。"即于是韩愈与贾岛并骑而归，共同讨论作诗之法。韩愈与贾岛结成平民之交，他将写作诗文的方法传授给贾岛。贾岛也还俗考中了进士，从此出了名。这些著述中都称"推敲"故事，发生在韩愈任京兆尹期间，而《旧唐书·韩愈传》载，韩愈是唐元和十五年（820）才任的京兆尹，且任职不久，又被改为兵部侍郎和吏部侍郎，长庆四年（824）就去世了。这样看来，韩愈好像不大可能是任京兆尹时结识的贾岛，应该还要早很多，因为两人在元和十四年（819），就已有诗词之间的深切交流了，大概率是发生在韩愈任国子博士或刑部侍郎时的事情（元和元年—元和十三年间，即806—818年间）。

现在姑且不去考究韩愈时任什么职务了，反正自打"推敲"故事发生后，韩愈与贾岛就成了"老铁"。韩愈还写《赠贾岛》一诗夸赞贾岛："孟郊死葬北邙山，从此风云得暂闲。天恐文章浑断绝，更生贾岛著人间。"大意是，孟郊已逝世葬在了北邙山，从此诗坛暂时平静了一段时间。但是老天爷却不想让文章被埋没，于是又给人间送来了大诗人贾岛。然而，最能反映韩愈与贾岛两人心境相通、心心相印的还是下面这两首诗。

韩愈一生以斥佛教、驳佛理为己任,元和十四年(819)上《论佛骨表》,阻谏唐宪宗"迎佛骨入大内",触犯"人主之怒",差一点儿被处死,经裴度等人说情,才被贬为潮州刺史。位于广东东部的潮州,距长安有八千里之遥,路途的坎坷难以想象。韩愈走到离京师不远的蓝田县时,他的侄孙韩湘赶了过来。于是韩愈便慷慨激昂地写下《左迁至蓝关示侄孙湘》一诗:"一封朝奏九重天,夕贬潮阳路八千。欲为圣明除弊事,肯将衰朽惜残年!云横秦岭家何在?雪拥蓝关马不前。知汝远来应有意,好收吾骨瘴江边。"大意是,早上进了一篇谏表给皇上,晚上就被贬到了八千里外的潮州。我的愿望是替圣明天子兴利除弊。为此我不惜拿这一副老骨头,搭上我的余生去努力!在途中回望家乡,秦岭上白云缭绕,放眼望不到长安。大雪堵塞了道路,马儿也不肯前行。我清楚侄孙你千里迢迢赶来是为了什么,待我死了以后,请把我的骨头埋葬在江边。这首诗将韩愈的刚直不阿之态、仓促南下告别妻儿的难舍之意、凄楚难言的激愤之情、伤怀国事英雄失路之悲情,一一跃然纸上,可谓感天动地。

《左迁至蓝关示侄孙湘》这首诗,传到京师,贾岛读后即刻写了一首《寄韩潮州愈》诗:"此心曾与木兰舟,直到天南潮水头。隔岭篇章来华岳,出关书信过泷流。峰悬驿路残云断,海浸城根老树秋。一夕瘴烟风卷尽,月明初上浪西楼。"大意是,我的心与你相随共同乘上木兰舟,一直到达遥远的天南潮水的尽头。隔着五岭你的诗章传到华山西麓,出了蓝关我的书信越过泷水急流。险峰上驿路高悬被片片流云遮断，海涛汹涌浸蚀城根棵棵含秋老树。总有一天狂风将把瘴气扫除干净，到那时月色明朗就会高照浪西楼。此诗通篇直如澄清的泉水，每字每句都从心底流出，流露了一种深切的眷念和向往的心曲，表现了忠臣被放逐，寒士愤不平，甘愿共同承受苦难的深厚友情，诗的最后对应韩诗末句"好收吾骨瘴江边"，反用其意，描绘出美好的憧憬，坚信友人无辜遭贬的冤屈，必将大白于天下，皓月的银光定会照在潮州的浪西楼上。

　　韩愈与贾岛的这两首诗，一写山，一写水，表达了他们之间高山流水、肝胆相照的朋友深情，将两人坚如磐石的友谊推向了绝顶。

受一方之寄，岂可不劳

清代官员袁守定编撰《图民录》一书，其中有一段话发人深省："人官一方，则受一方之寄，必为民出力，自强不已，而后不为民病。若好逸怀安，案牍冗塌，则宅门以外守候而待命者不知凡几矣。"这段话的意思是，为官者任职一方，必须做到勤政为民，不可有丝毫的放松和懈怠，如此才能得到百姓的认可；相反，如果好逸恶劳，疏于政事，就一定会遭到百姓的责怪和唾弃。

古代良吏们之所以如此看重勤勉敬业，既源自于他们所追求的"修齐治平"的人生态度，也与他们惜民爱民的情怀密不可分。如，元代张养浩《牧民忠告》中有这样一句话："凡民疾苦，皆如己之疾苦也，虽欲因仍，可得乎？"意即对待民众的疾苦就应当像对待自己的疾苦一样。再如，明朝庄元臣在《叔苴子·内篇》中有言："君子之为君子也，一人死而万人寿，一人痛而万人愈，一人忧而万人乐，一人劳而万人逸。"这里讲的也是相同的道理——为官者忧愁才能换来百姓享乐，为官者劳苦才能换来百姓安逸。

为官者要以自己的劳碌，换得黎民百姓的安逸，古代很多官员不仅是这样说的，也是这样做的。如，东晋时期的太尉陶侃，勤于政务，事无巨细都要亲自过问，信函往来也要自己动笔，有人来访也不厌其烦地接待。他常常对人讲，大禹是个圣人，尚爱惜寸阴，对我们这些普通人来讲，恐怕就得爱惜分阴了，岂能耽于安逸游乐，荒于醉酒，生无益于这个社会，死无闻于后人？在他的部下当中，有人因为喝酒、赌博而耽误公事，他毫不客气，命人将酒器、赌具全部扔进大江中，对为首的官员予以严厉处罚。再如，唐代宰相岑文本，在唐太宗出征时，受命掌管军中的物资粮草、器械、文书簿录等，他亲自打理各类大小事项，一心扑在公务上。

在勤政有为这方面，我们党内的榜样也是层出不穷。以周恩来总理为例，他几乎每天的工作时间都超过 12 个小时，有时甚至在 16 个小时以上。他常常是白天忙于开会，接待外宾，有时连吃午饭的时间都没有，只好带些简单的饮食在驱车途中用餐。到了深夜，他又继续处理公文，研究重大问题，还要不时地回复来自各地的电话，无怪乎被外宾称为"全天候周恩来"。周恩来总理一生都在用自己的勤政，践行着全心全意为人民服务的宗旨，永远值得后人学习。

相反，为官若偷安，百姓必受累，从古至今概莫能外。在现实中，可以看到，有的领导干部或是为官不为、在其位不谋其政，或是见事就躲、推诿扯皮，或是遇事能躲就躲、能避就避、能推就推、得过且过，更有的动辄以"研究研究""需要请示汇报""再耐心等待"等为借口，将心急如焚、急需解难的人民群众推至大门外，自己却优哉游哉。以古鉴今，岂能让这种人占着位子不干事，甚至专门来给老百姓添堵？

因此，必须树立讲担当、重担当的选人用人导向，将那些敢于扛事、愿意做事、有能力干事的干部选出来、用起来，让有能者、有为者上，让不担当、不作为者下。唯此，才能营造勇于担当、勤勉尽责、忠于职守的良好从政环境。

常怀"为民之一心"

据史料记载,清朝徐栋官至工部主事、西安知府,他勤于政务、专心吏治,认为"天下事莫不起于州县,州县治,则天下莫不治"。于是,他汇集诸家之说,著《牧令书》作为官箴传于后世。其中,卷八《屏恶》中记载:"夫居官者,刻刻有不容已于斯民之心,尚恐才力不到,机宜未协,未能有益于民。若并无此为民之一心,虽有长才异能,适以济其荣身肥家之巧计,更不必问其措施如何、结局如何矣。"其言道出:为官者倘若具有常为百姓考虑的心思,就会随时检讨自己,到底为百姓做得好不好、够不够,并随时改正错误,如此才能提高本领、干好工作。反之,如果不将本领用在正途上,就可能滥用手中权力,会时时为名为利为自家考虑,甚至会不择手段捞取钱财,最后的结局也就可想而知。那么,为官者怎样做才能始终保持一颗为民之心呢?

刘向编纂的《说苑》中记载:武王问于太公曰:"治国之道若何?"太公对曰:"治国之道,爱民而已。"自古以来,善于治国的人对待百姓，就像父母对待孩子、兄长爱护兄弟一样，听到他们遭受饥寒，就会感到哀伤；见到他们劳苦，就会感到伤悲。由此可见，为官者必须始终怀有一颗恻隐之心，关心百姓疾苦，同情百姓遭遇，不遗余力地为百姓做好事、办实事，让百姓过上好日子。

"改革先锋"孔繁森有句名言："一个人爱的最高境界是爱别人，一个共产党员爱的最高境界是爱人民。"在任西藏自治区阿里地委书记期间，孔繁森跑遍了全地区106个乡中的98个，行程达8万多公里，为藏族群众做了大量实事、好事。

有了公仆情怀和恻隐之心，还必须有将其付诸日常工作中的"绣花"本领。古人云："天下大事，必作于细。"在这方面，"改革先锋"马善祥堪称榜样。他从事基层调解和群众思想政治工作近30年，总结提炼出"民为本、义致和"六字理念、"情、理、法、事"十三要则以及老马"三十六策"等一整套生动管用的"老马工作法"，成功调解矛盾纠纷2000多起，撰写了152本520多万字的工作笔记。

由此可见，作为党员干部，唯有常怀"俯首甘为孺子牛"的谦卑之心和"万家忧乐到心头"的爱民之情，并把"绝知此事要躬行"体现在时时处处事事，才能不辜负人民群众的期许。

守住清平明察至

东汉马融《忠经》中载："在官惟明，莅事惟平，立身惟清。清则无欲，平则不曲，明能正俗。三者备矣，然后可以理人。"此语不难理解，为官者要明察事理，处理政务要公平公正，为人处世要清正廉洁。清廉就不会有私欲，公平就不会邪僻不正，明察才能使民众信服。只有清廉、公平、明察这三条都具备了，才可以治理好一方人和事。

清廉的重要性自无须多言，对为政者来说，这是一项"基本功"。晚唐诗人杜荀鹤《送人宰吴县》诗中有句名言："字人无异术，至论不如清。"意思是，管理安抚百姓没有什么特殊办法，任何好听的话，都不如为官清正廉洁。相比于杜诗，《群书治要·刘廙政论》中有句话："夫为政者，莫善于清其吏也。"更是道出了为官清廉对于执政的重要性。"道至微而生，祸是微而成。"在清廉方面，为官者要时刻保持警醒，诱惑无处不在、无时不有，必须紧绷廉洁之弦，哪怕是一丝一毫的非分之想都不要有，要一尘不染。从实践看，守住清廉底线，无非是要真正做到：对公款公物不贪不占，对治下部属不收不受，对上级领导不送不跑。而这是要时时做、天天做、年年做的，只要为官一天，就要坚持这样做。

管子曾言："一言得而天下服，一言定而天下听，公之谓也。"这句话讲的就是办事要公平公正。为政者公平公正，主要体现在用人要公平，奖惩要公平，处事要公平，而不要总想着亲疏远近、厚此薄彼那一套，只有这样，治下才会呈现"人平不语、水平不流"的可喜风貌。晋代荆州都督刘弘，堪称古代官吏大公无私、公正用人的典范，他上表朝廷拟提拔军功最大的牙门将皮初为襄阳太守。朝廷认为，襄阳郡地位重要，皮初资历尚浅，欲让刘弘的女婿、东平太守夏侯陟转任。刘弘再次上表："统率天下的人，应和天下人一条心；管理一国的人，应以一国为己任。要是非要任用自己的亲族，那么荆州有十个郡，非得有十个女婿才能管理好吗？""夏侯陟是我的姻亲，不便实行互相监督，皮初的功勋应该得到酬报。"朝廷最后认同了刘弘的意见。看来，出于为国为民的大爱公心，根除一己杂念私心，必能将公平渗透到为政的方方面面。

《菜根谭》中有句话："人只一念贪私，便销刚为柔，塞智为昏，变恩为惨，染洁为污，坏了一生人品。"是说为官者无论曾经如何公正无私、睿智进取，一旦沾染了贪念，下属与百姓便失去了对你的信任，任你有再多的本领与抱负，最终也难以施展。对此话也可以这样理解，如能保持清廉与公平，必能收取明察之效。

唐代吏部侍郎李至远被誉为"一生清廉""至公至平者"，

正因为如此，使他能做到明察秋毫，无人能在他面前偷奸耍滑。当时有位叫王忠的官员，被从京师调往外地，而受贿的吏员却将其王姓写成"士"，意欲批复后再改成"王"，好让王忠仍能留在京师。李至远审查后说，调动职务者3万人，根本就没有士姓，此人一定是王忠。受贿的吏员叩头认罪。

当然，为政者的明察，还要像韩非子说的那样"上君尽人之智"。要学会借助天下人的眼睛、耳朵和心智，从各种渠道收集信息，从各个角度去观察事物，并要祛除自己的好恶，用心听取大家的意见，以获取兼听则明之效。

《道德经》载："圣人无常心，以百姓心为心。"即圣人没有自己固定的意志，而把百姓的意志作为自己的意志。为政者的出发点和归宿点都是为了人民的利益，而不是另有其他什么目的。要善于见微知著，以小见大，一叶知秋，未雨绸缪。要能从稍纵即逝的现象中把握发展机遇，从杂乱无章的现象中发现带有倾向性的重要问题，从已发生过的事实中预测未来可能的发展趋势。

今天的党员领导干部，也必须要坚持清廉、公平、明察这三点，时不时地自我检查一下，以便尽心尽力尽职尽责更好地服务广大人民群众。

为政当志在必为

清代陈宏谋在《从政遗规》一书中讲道:"君子当官任职,不计难易,所计者是非耳。而志在必为,故动而成功。小人苟禄营私,择己利便,而多所避就,故用必败事。"其含义是,贤能的君子当官做事,不计较事情的难易,只在乎事情的本质,正因其不计难易、志在必为,才能获得成功。相反,有的人做官则是趋利避害,处处为自己精心设计,这样的人即便得到任用也不会有所作为。

这启示我们,为官者要勇担事、干成事、办好事,要为官一任,造福一方,要让人民群众获得感、幸福感、安全感得到切实提升——为政当志在必为。

为政当志在必为,就要勇于担当,遇事不躲避。"为官避事平生耻",这一信条为不少古代官员所践行。如,被后世称作"唐室砥柱"的狄仁杰,为官勤勉尽职,夙夜在公,凭借着积极作为赢得了百姓的赞誉。在其任职大理寺丞期间,仅一年就判决了以前积压的几千件案子,牵涉17000人。并且这些案子判决结束后，竟然没有一人喊冤。再如，唐代大文豪刘禹锡曾担任监察御史，在其为官期间虽屡遭贬谪，但勤政为民之心始终不变。从开仓赈饥到免赋减役，从重土爱民到兴教重学，从探问农耕到教泽百姓……不论身处何方，刘禹锡都勇于担当，积极作为。

为政当志在必为，必须善于打破固有观念和条条框框限制，敢为天下先，勇于闯出一条新路。义乌原县委书记谢高华，以巨大的勇气和犀利的商业眼光，打破旧有规章的束缚，敢于改革，勇于创新，首创提出"兴商建县"的区域经济发展战略，为小商小贩在路边摆摊卖货撑腰，在其精心培育下催生出有名的"义乌小商品市场"。蛇口工业区管委会原主任袁庚，更是大胆提出"时间就是金钱，效率就是生命"这一打破旧有思维的改革口号，在蛇口荒滩上展开了大胆探索和试验，创办起我国第一个外向型经济开发区——蛇口工业区，等等。正因为他们志在必为又大胆创新，才能够在改革开放的历史大潮中创造出辉煌业绩。

为政当志在必为，有时还需要在公与私的交锋面前，乐于奉献，甚至牺牲自己的利益。三国时期魏国大臣王观，在任职涿郡太守时，遇上朝廷要求各郡县按照经济社会状况上报等次。朝廷将全国郡县分为剧、中、平三个等次，被评为剧等的郡县在劳役赋税上有所减免，但要求太守将儿子送到京城做人质。对此，主办官员想把涿郡划为中或平，王观则是断然拒绝。在他看来，为官就是要为百姓服务的，既然将涿郡定为剧等有利于降低赋税、有利于减轻百姓负担，又怎能为了一己之私利而有负于一郡的百姓呢？最终他上报涿郡为边境剧郡，然后把自己的独生子送到魏都邺城为人质。

清代聂继模在《诫子书》中这样说："山僻知县，事简责轻，最足钝人志气，须时时将此心提醒激发。无事寻出有事，有事终归无事。"这段话对当下也颇有借鉴意义，意在劝诫为官者不要因为地方偏僻、任务烦琐，就渐渐消磨了积极有为的进取心态。对党员干部来说，不论是早出晚归、操劳辛苦，还是遭遇急难险重、焦头烂额，都不要将其看作负担，而要将其视作一种锻炼、一种提高、一种成长，练就出为人民服务的宽肩膀、硬脚板、强体魄。

官得其人，民方妥安

朝廷政治清明，官员贪腐者极少，社会安定祥和，百姓安居乐业，就连犯罪率也降到了历史低位……这是史书对"贞观之治"的描述，当时的一些历史掌故至今仍为人们所津津乐道。成就"贞观之治"的因素很多，国家对官吏进行严格考核就是其中重要的一点。

唐初的官吏考核有一个显著的特点，那就是唐太宗本人率先垂范，朝廷极为重视。在唐太宗看来，治理百姓安天下，必须要用好都督、刺史，他将这些人的名字书写在屏风上，坐卧都留心观看，在得知他们任职期间的善恶事迹后，便标注在各自的名下，以备升迁或降职时参考。另外，他认为县令离百姓最近，不可不慎加选择。唐太宗曾说，为官职选择人才，不可以苟且将就；用一个正人君子，就会群贤毕至；用一个奸人佞臣，卑劣小人就会挤破门。当时，朝廷在吏部设专司官吏考核的考功司，还要选京官中德高望重的两人，分别检校考核结果。

在考核程序方面，唐朝的官吏考核制度力求公开公正，让被考核者心悦诚服。《新唐书》中记载："凡居官必四考。"即，官员任期内都需要经过多次政绩考核，每年一小考，四年一大考。其中，每年小考，以评定等级；四年大考，以决定升降赏罚。首先，由中央和地方长官对下属官员进行考核，将功过得失详细登记在案；考核意见由长官向被考核者宣读，被考核者可以提出异议；考核意见无异议的，写入簿册，上报至尚书省。同时，尚书省也把各地监察官所收集的官员考核材料一并汇总，交给考功司。此外，尚书省所属各司也在本职规定的范围内，把地方刺史、县令等人的治绩汇总，报送考功司。最后的考核由考功司官员进行。考核等级评定后，被考核者是中央和地方长官的，要将其名字、等级公开张挂于朝门之上三日；县一级被考核者的名字、等级则送到州郡予以公布。如所定等级有不当之处，被考核者可以申诉，申诉属实可作更改；如不符实则降低其等级，以示惩罚。

不难发现，这样考核的一大优势，就是官员的考核信息来自于多个渠道。面对如此多的信息源，官员要想得到好的评价，就必须将功夫下在平时，很难临时抱佛脚、蒙混过关。而且，除了作为考核基本内容的德义有闻、清慎明著、公平可称、恪勤匪懈等"四善"外，朝廷还会作出一些特殊要求，如根据各部门具体工作而制定的"二十七最"等，这就使得考核更加具有针对性。考核人员根据被考核者的考绩优劣以及所得"善""最"的数量，区别为九等，其中清谨勤公为上，执事无私为中，不勤其职为下，贪浊有状为下下。列为中等以上的可升官加禄，列为中等以下的就要降级罚禄，情节严重的还会被罢官。

此外，还有一种特殊考核，即由中央派员巡察各地。《新唐书》中有相关记载：一次是贞观八年（634），唐太宗派遣李靖、萧瑀等13人为"诸道黜陟大使"，巡察天下。他们的职责任务包括：考察州县官吏贤能与否，了解民间困难疾苦，对贫穷者施以赈济，选拔怀才不遇者，等等。另一次是贞观二十年（646），唐太宗派遣孙伏伽等22人"以六条巡察四方，黜陟官吏"，主要任务是考察各地官员的廉洁状况，对其进行赏罚……面对这种机动灵活的巡察制度，面对随时可能出鞘的"尚方宝剑"，各地官员哪还敢不尽职尽责？

"官得其人，民去叹愁、就妥安。"对官员严格考核，使其时刻感到压力，感到不自在不舒服，进而将考核压力转化为勤政动力，老百姓的舒心事、获得感自然会多一些。把勤政廉政的官员选出来、用起来，让尸位素餐的官员没面子、丢位子，才能营造官得其人、人尽其才的良好氛围。如此，受益的是百姓，赢得的是民心。

厚德载物

《周易》里讲:"地势坤,君子以厚德载物。"意即大地宽厚和顺而能承载万物,君子应效法大地,接物度量都应像大地一样,能够承载任何东西。换言之,一个有道德的人,应当像大地那样宽广厚实,像大地那样载育万物、生长万物。厚德载物,即以深厚的德泽育人利物,有博大的胸怀,兼容并包。

追求"厚德"的君子人格,是历代仁人志士崇尚的道德境界。如,"骥不称其力,称其德也""以德为行""士有百行,以德为首",等等。做人首先要进德、厚德,不断提高自身的道德修养。只有增加内涵,具备崇高的道德和博大精深的学识,践行宽厚的道德规范,才能以正直和与人为善的态度处理好人与人之间的关系,进而兼容并蓄、育人利物。然而,人之厚德绝非与生俱来,更不是一成不变,需要靠后天努力不断自我完善,自我修炼。

厚德载物包含"海纳百川,和而不同"的包容精神、"贵柔守雌,上善若水"的柔和品质。《礼记·中庸》里讲:"万物并育而不相害,道并行而不相悖。小德川流,大德敦化。此天地之所以为大也。"天地万物一同发育而互不危害，各种行为准则能同时进行而互不矛盾，小的德行像河川一样到处流淌，大的德行像天地一样化育万物，这就是天地伟大的原因。宇宙和自然的包容特质即是厚德。作为天地之间的个体，个人应当取法于天地、宇宙、自然，学会包容万物。梁启超解释厚德载物时曾说："君子应如大地的气势厚实和顺，容载万物……以博大之襟怀，吸收新文明，改良我社会，促进我政治，以宽厚的道德，担负起历史重任。"

厚德载物体现着中华文化海纳百川的兼容精神和广阔胸怀。中华民族是一个兼容并蓄、海纳百川的民族，在漫长的历史进程中，不断学习他人好的东西，博采众长，逐渐形成了我们自己的民族特色。五千多年来，中华优秀传统文化不断发扬光大，既坚守本源又与时俱进，既盛德日新又兼容并蓄，不拘泥于某家、某派的文化，采取积极学习借鉴的态度，吸纳一切有益的成分。这正是中华民族的智慧所在，取长补短、择善而从，在不断汲取各种文明养分中丰富和发展中华文化。

我们党自成立之日起，就是中华优秀传统文化的忠实传承者和弘扬者，通过创造性转化和创新性发展，将厚德载物精神融入公民道德与社会主义核心价值观之中，推动全社会明大德、守公德、严私德，不断提高人民道德水准和文明素养。进入新时代，需要进一步坚定历史自信、文化自信，秉承厚德载物的兼容精神，以虚怀若谷、海纳百川、开放包容、博采众长的胸怀和视野，广泛学习借鉴其他优秀文化、文明成果，汇聚起推进中华民族伟大复兴的磅礴伟力。

万古官箴"两为耻"

真德秀,南宋后期理学家,官至户部尚书、翰林学士。他对时政屡有直声,奏疏不下数十万字。一次,与皇上对话时他说:"有位于朝者,以馈赂及门为耻;受任于外者,以苞苴入都为耻。"这里的"苞苴",本指包裹鱼肉的蒲包,后泛指赠送的礼物,引申为贿赂。这段话说的是,凡是在朝廷里做官的人,觉得别人馈送的物品,拿到门口来,是很可耻的;在京外做官的人,觉得送礼物到京都,是很可耻的。简言之,就是"两为耻",为官者视收礼送礼都可耻。

真德秀上述"两为耻"的名言,影响很大。后人曾评说:"宋人此言,可为万古官箴。"明代中期"弘治中兴"的功臣王恕,为官40余年,刚正清严,任吏部尚书时,在衙门口贴一布告:"宋人有言,受任于朝者,以馈及门为耻;受任于外者,以苞苴入都为羞。今动曰贽仪(为表敬意所送的礼品),而不羞于人,我宁不自耻哉!"说的是,宋朝的人有一句话,当官的收礼送礼都可耻。可是现在做官的人,动不动就说表敬意送礼物，人家虽然不来羞我，难道我自己也不觉得羞耻吗？

廉吏们还纷纷写诗出招，告诫如何牢记"两为耻"，远离"苞苴"，那就是一要清心慎独，二要效法前贤。明朝开国元勋刘基曾作《田家》一诗，诗的后四句是："安得廉循吏，与国共欣戚。清心罢苞苴，养民瘳国脉。"大意是，廉洁奉公、守法爱民的官吏，才能与国家休戚与共。官吏清心自律就能远离贿赂，民众得休养，社稷得安宁。

宋朝文学家李廌，在一首题为《李良相清德碑良相百药四世孙也天宝中为尉氏》的诗中写道："旌廉以廉寡，树碑励贪夫。后人慕前躅，当令德不孤。第无愧屋漏，斯能远苞苴。番禺惟饮水，合浦自还珠。"说的是，廉洁的人以不廉洁为耻，树立石碑以提醒贪官。后人羡慕前人的遗范，有道德的人从不孤单。独处于偏室时要慎守善德不起邪念，这样就能远离贿赂。晋朝吴隐之饮贪泉水而不贪，东汉孟尝治理合浦而珠还，值得当今官员去学习效法。

其实，要远离"苞苴"，还有一招，那就是立规矩并严格落实。古时这方面的法律规定也不少，如《魏书·刑法志》载："义赃二百匹，大辟。"所谓义赃，指人私情相馈赠所得，与贪污所得的正赃相对应。《唐律》也规定："官员受贿五十匹流二千里，行贿罪止杖一百。"但往往执行起来因人而异，位高者又不率先守规，结果当然是收效甚微。

新中国成立前夕，在中共七届二中全会上，根据毛泽东的提议，对党内提出了防腐蚀的六条规矩，其中第二条就是"不送礼"。党的领导都身体力行，树立了光辉榜样。陈云在西北局高干会议上说："送礼送给谁呢？不是送给警卫员，也不是送给勤务员，都是送给首长。""送来就退回去，这叫拍马屁叫马踢一脚。应该这样，踢他一脚，给他个警告。"

　　刘少奇从不接受馈赠，到外地视察时，遇到有地方负责人送东西，他总是严肃地告诉工作人员："给他退回去，请客送礼是中央规定禁止的。退回去，下一次他就不搞了；你不退，别的地方也就跟着来破坏中央的规定。"

　　朱德说："我从来不收礼。"20世纪70年代初，朱德的外孙子刘建在山西当兵，其师长曾是长征时的红小兵，非常惦念朱德总司令。刘建探亲时，师长特意买了两瓶酒和两瓶老陈醋，让刘建带给朱德，聊表敬意。可朱德见到这些后，生气地质问刘建："谁让你随随便便收人家的礼，这东西不能要，你还是带回去吧。"

　　罗瑞卿对送礼之人的做法则是，礼退回，人处分。

　　不送礼不收礼，对下不收，对上不送，看似简单，其实做到不易，要时时去做，事事去做，一生去做，所以它又是对为官者永恒的要求，这也应成为为官者一生的追求。相信当今的领导干部一定会视收礼送礼"两为耻"，严守规矩，干净做人，清白为官，鞠躬尽瘁，一生为民。

为政常思"忠、信、敢"

西汉刘向《说苑·政理》中记载:春秋时期晋国的董安于治理晋阳城,向蹇老请教为政之道。蹇老答道:"要忠,要信,要敢。"董安于问:"怎么做才叫忠?"蹇老说:"忠于主。"又问:"怎么做才叫信?"蹇老道:"政令要有信用。"再问:"怎么做才算敢?"蹇老答:"不当老好人。"董安于听完说道:"有这三个字足够了。"

"忠、信、敢"三字,虽然不能涵盖为人处世的所有道理,却是为政者不可缺少的基本素养。后世之人,对"忠、信、敢"不断进行丰富,早已突破了其原来的含义。

先来说说这个"忠"字。《左传》中记载:"临患不忘国,忠也。"即面对祸患不忘记自己的国家,可以算得上忠。诸葛亮《兵要》中载:"人之忠也,犹鱼之有渊。鱼失水则死,人失忠则凶。故良将守之,志立则名扬。"意指人有忠诚的品德,就好比鱼儿有了水;相反,如果失去忠诚的品德则很危险。到了近现代,"忠"字又有了新的内涵。钱学森回国前,在美国被迫参加了数次听证会,被问道:"你效忠谁?"钱学森答道:"我效忠中国人民。"回到祖国后,毛泽东问钱学森是什么支撑着他历尽辛苦也要回国,他以"苟利国家,不求富贵"作答。从董安于到诸葛亮,再到钱学森,忠诚的内涵早已不再局限于对个人的"小忠",而上升为一种对国家、对人民的"大忠"。

接下来,再谈谈这个"信"字。商鞅徙木立信、季布一诺千金等故事,千百年来一直为人们所称颂。言而有信、言出必行,不仅是为人处世的优良品德,更是治国理政不可或缺的政德。《刘子·履信》中有段话:"人非行无以成,行非信之无以立。故信之行于人,譬济之须舟也;信之于行,犹舟之待楫也。将涉大川,非舟何以济之?欲泛方舟,非楫何以行之?"古罗马历史学家塔西佗也提出过一个理论:当公权力遭遇公信力危机时,无论说真话还是假话,做好事还是坏事,都会被认为是说假话、做坏事。这就是著名的"塔西佗陷阱"。正所谓"人无信不立,业无信不兴,国无信则衰",如果说一般人失信于他人,受损害的只是个人形象,那么,为政者一旦不信守承诺,对国家和政权的危害可就严重多了。

"忠""信"二字,说起来并不复杂,但践行起来却并不简单,离不开一个"敢"字,也就是要求为政者必须敢于担当、勇于作为。毋庸讳言,当下有些领导干部在这方面做得并不好:有的认为独善其身就行,对下属违纪甚至违法的行为熟视无睹,不想主动去抓去管;有的是担当不足,害怕得罪人、丢选票;有的自身不干净,腰杆子不硬,没脸去监督别人……一个"敢"字见真功,不仅要有动真碰硬的决心和勇气,还要有发现问题、解决问题的本领能力，对为政者来说是个不小的考验。

"忠、信、敢"这三个字，从古代一直延续到现代，已成为很多仁人志士立身之要诀。过去是不少有志者毕生追求的奋斗目标，也是百姓评价官吏好坏的重要标尺。对当下的党员干部来讲，仍然需要常常拿起"忠、信、敢"这把标尺，量量自己的为人品格和为政担当。

生亦清廉,死亦淡泊
——武侯墓观瞻记

自古以来,武侯祠、庙可谓遍布全国数十个省,多时有几百座,保留至今的也有十几座之多,尽管20世纪90年代初,岐山县五丈原堆起一个"诸葛亮衣冠冢",而位于汉中勉县定军山下的武侯墓,却是全国唯一的。仅此一点,就足以让人们对武侯墓陡生敬仰之情,每年它都吸引着国内外的大量游人前来观瞻。笔者在清明节前夕,特意从北京赶过来,参观瞻仰了打小就崇拜至极的圣贤的安卧之地。

武侯墓位于勉县城南4公里的古战场定军山下西北

诸葛亮衣冠冢

角,占地320多亩,这里四面环山,中间平坦宽阔而隐蔽,古松古柏与奇花异草遍布其中,显得十分的宁静肃穆。武侯墓有内外两道墙垣护围,进入前山门,看到的是一座仿古式单拱玉带桥,称为"青龙桥",桥下小溪流水,烘托着庄重的内山门。"武侯墓"金字匾额,高悬于内山门的门楣上,门两侧是清嘉庆七年(1802)汉中知府赵洵题写的楹联:"水咽波声,一江天汉英雄泪;山无樵采,十里定军草木香"。即汉水的波涛声如悲泣哀鸣,一江河水满是天下有志之士怀念诸葛亮的泪水;武侯墓古迹周围的树木没有遭到践踏毁坏,十里定军山内尽见草木茂盛,花果清香。这短短的二十几个文字,让笔者的思绪一下子穿越到了1700多年以前……

"武侯墓"金字匾额

蜀汉建兴十二年(234)秋天,诸葛亮病逝在五丈原军中,遗命:"葬汉中定军山,因山为坟,冢足容棺,敛以时服,不须器物。"即诸葛亮临终留下命令:将自己埋葬在汉中定军山,借助山势建造坟墓,墓穴只要容下棺材即可,用与时令相应的平常衣服装殓,不用殉葬品。根据诸葛亮的遗命,当年年底,后主刘禅就将他安葬在汉中定军山下。《水经注·沔水注》载:"诸葛亮之死也,遗令葬于其山,因其地势不起坟垄,惟深松

武侯祠

茂柏，攒蔚（草木丛生）川阜，莫知墓茔所在。"这说明，到北魏时即距诸葛亮之死200多年间的武侯墓，呈有坟无冢（覆斗式）状，犹如平地一般。蜀汉景耀六年（263）后主刘禅下诏，在武侯墓前为诸葛亮修了天下第一座武侯庙（祠），栽植54株汉柏，象征武侯在生之年。这些汉柏现存活22株，株株挺拔苍翠，直径都在1米以上，高达30多米，一如郦道元所描述的那样。本来典籍中就明确记载："秦名天子冢曰山，汉曰陵，官吏称墓，百姓为坟。"这在当年是不可更改的祖制。然而，诸葛亮却将自己的墓地称为"坟"，是要求他去世后按照老百姓的墓葬规格来善后，一切都从简从便从小，以保持和继续他生前一贯的廉洁品性。诸葛亮临终前还给刘禅写了《自表后主》："成都有桑八百株，薄田十五顷，子弟衣食，自有余饶。至于臣在外任，无别调度，随身衣食，悉仰于官，不别治生，以长尺寸。若臣死之日，不使内有余帛，外有赢财，以负陛下。"诸葛亮去世后,"如其所言"。如此"生亦清廉,死亦淡泊"的高尚人格,震撼着一代又一代国人的心灵。仅就诸葛亮的遗命薄葬,历代不少文人都赋诗歌咏。明朝吴天府《诸葛武侯》诗,最具代表性,竟以秦始皇墓地的奢侈和曹操墓地的多疑,来反衬诸葛亮墓地的朴实无华:"骊山穿穴亿万费,七十二冢滋疑忌。何如此冢卧空山,万岁千秋人洒泪。"

蜀汉炎兴元年(263)秋,魏国镇西将军钟会伐蜀取汉中来到武侯墓时,面对诸葛亮的薄葬坟茔,感慨万千,肃然起敬,率将士隆重祭祀诸葛亮,同时"令军士不得于亮墓所左右刍、牧、樵、采"。诸葛亮的高风亮节,居然使敌手都为之敬服。钟会是历史上蜀汉以外第一个到勉县武侯祠祭祀诸葛亮的将领,又是第一个提出保护武侯墓地草木的人。自此以后,对武侯墓地的保护遂成为定制,一直延续下来。加之历代皆知诸葛亮死后安葬从简,墓中没有珠宝器皿,武侯墓也从没有遭到盗墓贼的光顾。因此,直到今日,这里仍然是"十里定军草木香"。

至于诸葛亮为何遗命归葬定军山,可能说者的理由有多个,以笔者常人之见,原因只有一个,诸葛亮就是死去,也依然挂念着北伐大计,希望能够守望着自己生前战斗过的地方,如此方能心安,这是一位老人对自己终身为之奋斗事业的最后眷恋。这就如同新中国好多开国将士,都希望自己去世后能够埋葬在战斗过的地方是一样的。诸葛亮人生的最后八年,大部分时光是在这里度过的,从第一次北伐"屯于沔阳",相府行辕就在"南山下原上",五次北伐、六出祁山的军事文书均出自这里；这里又是屯兵、推演八卦阵的练兵场；也是"长于巧思"，制造连弩、木牛流马的场所；又在这里"休士劝农""军民合耕"，发展生产，以供前线军需；还于定军山东尽头筑汉城，在城固县筑乐城，派兵驻守。可以说，这里倾注了诸葛亮太多的心血，尤其是每次北伐，这里既是起点又是终点，大军一次一次地由这里出征，又一次一次地退至汉中，面对一次又一次的挫折，面对自己的理想一次又一次的破灭，诸葛亮的内心该是何等的痛苦，他心有不甘啊！死后葬在这里，表示他要激励蜀汉将士们去努力实现他未完成的北伐和统一大业。

　　进入山门，映入眼帘的是，古建屋檐之下，廊柱之上，满是层层的匾联，如"大名永垂""季汉伊姜""永沐神庥""三代遗才""醇儒望重"等，让人品味其中，思绪万千。正殿的正中神台上，是明代万历年间的一尊诸葛亮高大塑像，右手抚

诸葛亮塑像

膝，左手握卷，头戴纶巾，身披鹤氅，凝目沉思。左右琴书二童，一持剑一捧印，下面是关兴、张苞分护左右。大殿两侧墙壁上，悬挂着岳飞手书《前后出师表》的木刻。此时此刻观像读表，无不让人感慨万千，浮想联翩。走过正殿，穿过一扇门，就是前坟亭，立有两通石碑：一块是明万历年间，陕西按察使赵健所立的"汉丞相诸葛忠武侯之墓"碑，另一块是清雍正十三年（1735）果亲王（康熙的十七子——爱新觉罗·允礼）所立的"汉诸葛武侯之墓"碑。所有游人到这里，都会自动地肃穆静默，生怕弄出点声响来，影响了他人的幽思之情。亭中有一副楹联，是清嘉庆七年（1802）陕西提刑按察使司文濡所题："故国不归，山河未遂中原志；忠魂犹在，道路争瞻汉相坟"。即诸葛亮死后不归葬于故国成都，是因为生前没有完成统一河山的志愿；诸葛亮忠于蜀汉帝业的灵魂还在，过往的行人都争相瞻仰拜谒武侯墓。好一个"争瞻汉相坟"的熙攘景象，笔者到的那天感觉依然还是这个样子，在去往武侯墓的道路上，有乘旅游大巴去的，有坐着出租车和小蹦蹦车去的，更有好多是一家一户人走着去的。看来，如此熙攘景致定是要世代继续下去啊！

走出碑亭后，看到的是一个拱形的"覆斗式"墓，武侯墓原本"有坟无垄"，它是20世纪80年代，当地文物部门为强化保护而加土所形成的。坟墓的四周被汉白玉栏杆围起，坟上绿草茵茵，坟茔如披上了绿装一般，周边翠柏森森，乔木参天，古柏合抱，凌花缠绕，郁郁葱葱，浓荫蔽空，坟边挺立的一棵黄果朴树，尤为夺目。传说这是黄月英在诸葛亮死后过于思念丈夫，化身为树，相伴守墓，一如生前。黄果朴树下的围栏上系了好多红绸布，显然是很多人跑过来祈求美好姻缘的。坟冢两侧还各有一棵桂树，这是当年刘禅栽下的，称为"护墓双汉桂"，现都已高十几米，树围3米以上，冠幅足有二三十米，犹如两把巨大的伞盖，蔽日护墓。如今两棵桂树还健朗得很，依旧年年开花，届时整个墓区清香四溢。前坟亭有一块清光绪二十七年（1901）沔县知事徐兆兰所题牌匾，就叫作"双桂流芬"，说的就是这回事。

在坟茔的西南角，还有一个坟亭，亭内有石碑上书"汉丞相诸葛武侯之真墓"。这块碑的来历叫人哭笑不得。清嘉庆年间有个陕甘总督叫松筠，来拜谒武侯墓的时候，说诸葛武侯遗命"因山为坟"，现在的坟不在山上，可能是假的。随行有个幕僚叫谭南宫，便随口附和，说大冢内是假坟，真坟在西南墙

诸葛亮"覆斗式"墓

垣外。松筠闻言十分高兴，立刻命令沔县知县马允刚重修。马允刚无可奈何，只好新堆了一个坟茔。松筠还亲自书写了碑文。嘉庆年间到现在约二百年了，这假碑假墓也成了文物，也算是武侯墓的一景吧。

　　结束了观瞻，笔者在想，依诸葛亮的本意，墓地应是另外一种样子，就是武侯遗命所说，不仅地下一无宝藏，地上也宛如平地，甚至就像郦道元所描绘的"莫知坟茔所在"。然而，自刘禅为武侯立庙以来，历朝历代都对武侯墓地加以修葺，以至形成了如今的规模。这使笔者想起一句著名诗句"有的人死了，他还活着"，诸葛亮就是这样的人。他在出山后的政治军事生涯中，凭借客观条件所给予的并不够大的舞台，靠主观上的努力拼搏，导演出一幕幕雄壮威武的活剧。在这一过程中，他时时事事表现出一种更伟大、更感人、更具魅力的品德、人格和精神，那就是以鞠躬尽瘁、死而后已为核心内容的修身养德，以身作则，一身正气，忠于国家，忠于民族，谨慎勤勉，自强不息，百折不挠。诸葛亮的这种品德、人格和精神，被一代又一代的国人所继承、总结和发扬光大，因为它对每个时代的人们都有极强的现实意义，都能引起人们思想上的共鸣，都能为人们提供强大的精神力量。这也就解释了为什么武侯墓以及各地的武侯祠，一千七百多年来，备受人民大众，也包括历代的帝王将相、文学人士的青睐。笔者深信，今后慕名前来武侯墓游览观瞻者，定会不计其数，这种现象定会经久不衰，伴随中华民族的永生永世。

实话实说，魅力无穷

应该说，实话实说，既是中华传统美德，又是做人的基本品德。墨翟《墨子·七患》载："言不信者行不果。"即言语不诚实的人，做事不会有成果。东汉思想家王符《潜夫论·实贡》载："夫高论而相欺，不若忠论而诚实。"即高谈阔论而彼此相欺，不如讲真心话做诚实事。然而，从古到今，真正能够做到事事时时都实话实说，也不是件容易的事情。

具有忠诚的品格，是实话实说的基础。在古代，大凡忠臣，一般都有实话实说的品格。《宋史·鲁宗道传》载，鲁宗道任左谕德即教育太子的官时，有一次穿着便衣到酒肆喝酒，恰巧宋真宗急召他入宫，使者到了鲁宗道家的门口，等了很久，鲁宗道才从酒肆回来。使者要先回宫，便问："如果皇上怪罪你来晚了，用什么来回答？""你只管说实话讲实情。""你这样是会有罪的。"鲁宗道说："饮酒，人之常情；欺君，臣子之大罪也。"宋真宗果真问了，鲁宗道道歉地说："有老朋友从乡里来，我家穷得没有杯盘，所以到酒肆去喝酒了。"

皇帝认为他忠诚、诚实可以重用，还把这个看法告诉了太后。宋真宗死后太后临朝，鲁宗道得到了提升重用。

工作有时难免出错，这时就涉及责任担当。是勇于承担责任，还是逃避责任，对任何人都是个严峻的考验。坚持实话实说，必须敢于承担责任。《魏书·高允传》载，高允是南北朝时北魏的名臣，任中书博士时，曾随重臣崔浩撰修国史。后崔浩因写"国记篇"涉嫌讥讽皇族而下狱，将要被处斩。因高允曾为太子讲过学，太子便想保护高允，他便对太武帝说，高允虽然与崔浩一同写作，但他身份微贱，只听命于崔浩，"国记篇"都是崔浩写的。而太武帝召见高允时，高允竟回答说："'国记篇'中的'先帝记'以及'今记'，是为臣与崔浩一同写作的。但崔浩政事太多，只是总裁修订而已，为臣所写多于崔浩。"太武帝听后大怒。太子说："臣先前问高允，他说都是崔浩所写。"太武帝问："真像太子说的那样吗？"高允说："不敢有丝毫谎言。"太武帝对高允说："死到临头还说实话，真是忠贞的臣子。"遂免了高允之罪。

实话实说，更不能唯上司脸色马首是瞻。《后汉书·儒林列传》载，东汉经学家、教育家刘昆，在江陵当县令时，县城发生了一场大火，虽说在刘昆的指挥下动员不少人救火，可火情依然没得到有效控制，实在没办法，刘昆索性跪到地上给上天磕头，正巧这时下起大雨，浇灭了大火。弘农郡虎患严重，给百姓生活带来许多不便，刘昆被提拔为弘农太守后，大修仁政，改善民生，让人称奇的是，竟然"虎北渡河"，离开了弘农地界。后来刘昆升任光禄勋，皇上刘秀在朝堂上问刘昆，你究竟实行了什么样的德政，才导致了这样的好事发生啊？刘昆竟答："偶然耳。"即碰巧了。朝廷大员们都讥笑他。刘秀大怒道，这有什么好笑的，难道你们不懂得，刘昆之语正是有德行的长者之言吗？刘秀马上令刘昆教授太子。按常理，刘昆炫耀一下自己的政绩，或吹捧一下皇帝，称全是皇恩浩荡所致，都是可以理解的，然而，他却实话实说，真是难能可贵。

而今，人民群众的心中都有一杆秤一把尺，一名领导干部、一名公职人员，动辄说空话、套话乃至假话，最终损害的是人民的利益，也包括他自己的。相信有朝一日实话实说必定会成为新时代人民公仆的标配。

古代官员问政趣事

典籍中记载许多古代官员之间、官员与学者之间，询问如何为政的事例，笔者选取了几例，尽管年代跨度很大，但问政所得出的结论，却大体相同，无外乎"公""廉""清""勤""慎"，等等，这些答案与其他众多廉吏所总结的为政之道，丰富和充盈了古代官箴的宝库。今天读起这些事例来，仍给人以启示和借鉴。

《明史·曹端传》载，曹端为霍州学正（文官，相当于官学中的老师与行政人员）时，"知府郭晟问为政，端曰：'其公廉乎。公则民不敢谩，廉则吏不敢欺。'晟拜受"。即知府郭晟向他请教处理政事的方法，曹端说："也许是公和廉吧，做到公平公正，那么百姓就不敢不敬了，做到廉洁，那么官吏就不敢欺瞒了。"郭晟拜谢欣然接受。后世学者认为，曹端是"明初理学之冠"。还有学者著文讲，曹端首倡为政要做到"公廉"。在曹端之后的百余年，明代洪应明在《菜根谭》中，提出了"公生明，廉生威"的论断。"公廉"两字，在明、清两代都被视为最重要的官箴之一。

而《明史·梁寅传》所载的故事，则告诉人们不听忠告，是要吃大亏的。梁寅"家贫，自力于学。淹贯《五经》"，年老"遂隐居教授"。"四方士多从学，称为梁五经，又称石门先生。邻邑子初入官，诣寅请教。寅曰：'清、慎、勤，居官三字符也。'其人问天德王道之要，寅微笑曰：'言忠信，行笃敬，天德也。不伤财，不害民，王道也。'其人退曰：'梁子所言，平平耳。'后以不检败，语人曰：'吾不敢再见石门先生。'"即梁寅家境贫寒，完全靠自学，精通《五经》和诸子百家。年老后，梁寅隐居，以教授子弟为业。住在石门山，四方学士登门求学，称他"梁五经"，又称"石门先生"。有邻县子弟初次任官，前来向梁寅请教为官之道。梁寅告诉他"清、慎、勤是做官的三字符"。又问关于天法王道的要义，梁寅微笑道："言语讲忠信，行为重踏实，这就是天德；不贪财，不害民，这就是王道。"这人回来说："梁子所言，平常得很。"后来此人因言行不检点而身败名裂，这时才有所醒悟地对人说："我再也不敢去见石门先生了。"

《南齐书》《南史》中《傅琰传》，所记载的是官员之间相互问政的故事，更加引人入胜。傅琰祖孙四代都任过南朝宋、齐、梁年间的县令，均廉正有才，勤于职守，堪称廉吏世家。本传中还描述了三个县令在一起探讨治县奇术之事。三个县令，一个是傅翙，先为吴令，后为山阴令，"复有能名"；其祖父傅僧佑，任山阴令，"有能名"；其父傅琰，"为武康令，迁山阴令，并著能名，二县皆谓之傅圣"。就是说，傅翙祖孙三人,都当过山阴令,均为能吏。一个是孙廉,时为建康令。第三个是刘玄明,"亦有吏能,历山阴、建康令,政常为天下第一"。早在傅僧佑、傅琰任山阴令时,因父子治县有方,"并著奇绩",老百姓都口口相传,说傅家有一本《理县谱》,只在自家祖辈相传,从不让外人知晓。到傅翙当了吴县令后,为官仍很有能名。一天,傅翙来到建康,看望县令孙廉。孙廉便向傅翙请教:听说你家长辈治理山阴县号称神明,有什么绝招?傅翙答道:"无他也,惟勤而清。清则宪纲自行,勤则事无不理。宪纲自行则吏不能欺,事自理则物无疑滞,欲不理,得乎?"即没有什么特别之处,唯勤与清而已。自己清白,处事才公正,法律的尊严才得到维护,官员们就会跟着你廉洁奉公。自己勤恳,就能了解下情,案件及时处理,矛盾不致激化,境内就好治理了。为官若能清白廉正和恪勤职守,事情就不会做不好。后来,傅翙发现先后任山阴令、建康令的刘玄明非常能干,待从刘玄明手上接任山阴令后,便问刘玄明,你这个前任要告诉我这个后任,如何当好一个县令?刘玄明却说:"我有奇术,你家的《理县谱》里没有,等我走那一天一定相告。"等到离别时,刘玄明一本正经地对傅翙说:"作县令惟日食一升饭而莫饮酒,此第一策也。"即作为县令,唯有每日吃一升饭而不要饮酒,这是治县的第一策啊。傅翙谨记此言,将其融入祖传的治县秘诀之中,在好几个县令的岗位上,都干得十分出色,一直以廉吏能令而著称。其子傅岐也官至县令,离职时全县老少皆出境相送,哭泣之声竟数十里不断。

"无一刻离书"的亭林先生

明末清初思想家、大学者顾炎武，学者尊称其为"亭林先生"。《清史稿·顾炎武传》载，顾炎武"生平精力绝人，自少至老，无一刻离书"。他10岁开始读史书、文学名著，11岁其祖父就要求他读完《资治通鉴》，并告诫说："现在有的人图省事，只浏览一下《纲目》之类的书便以为万事皆了了，这是不足取的。"顾炎武牢记祖父的教诲，勤奋治学，给自己规定每天必须读书完成的卷数，并限定自己读完后把所读的书抄写一遍。他读完《资治通鉴》后，一部书变成了两部书。他还每读一本书都要做笔记，写下心得体会。很长时间前读的书，还时不时要拿出来重新温习，以防遗忘。

下面的两段记载，最贴切地反映了顾炎武一生好学、一刻不离书的劲头。《清朝艺苑·卷九·顾亭林先生勤学》载："亭林先生自少至老手不释书，出门则以一骡二马捆书自随。遇边塞亭障，呼老兵诣道边酒垆，对坐痛饮。咨其风土，考其区域。若与平生所闻不合，发书详正，必无所疑乃已。马上无事,辄据鞍默诵诸经注疏。遇故友若不相识,或颠坠崖谷,亦无悔也。精勤至此,宜所诣洲涵博大,莫与抗衡与。"即顾炎武从小到老一直手不释卷,出门就用一匹骡子、两匹马驮着一捆捆的书跟着他。路过边塞要地,他就招呼屯戍的老兵到路边的酒店对坐痛饮。饮酒时,他向老兵询问当地的风土人情,了解这个地方的区域环境。如果发现与自己以往了解的情况不一致,他就翻看书本一一订正,一定要毫无疑问才罢休。他骑在马上无事时,就伏在鞍上默默背诵各种经书的注疏。由于专心过度,碰见老朋友,也似乎不认识,有时因此而坠入山谷之中,他仍旧不后悔。顾炎武就是这样认真勤奋,所以他的学问自然达到了精深渊博的程度,无人能与之相比。

清代学者、文学家全祖望《亭林先生神道表》载:"凡先生之游……或径行平原大野,无足留意,则于鞍上默诵注疏,偶有遗忘,则即坊肆中发书而熟复之。"即大凡顾炎武出外游历,有时经过平原旷野,没有什么需要留恋的,就在马鞍上背诵那些经书的注疏;偶尔有遗忘的地方,就立刻到旅店打开书温习它。

正因为顾炎武一生不离书本,坚持读书不止,45岁以后,又只身一人游踪不定,足迹遍及山东、河北、山西、河南等地,自称"往来曲折二三万里,所览书又得万余卷"。广泛交结贤士豪杰、德高望重的人,主张收敛浮华,追求真实,虚怀若谷来探讨学问,从不自大自满,对国家典章制度、府县旧制、天文观测、河工漕运、军事农桑等,都有研究探讨,著述颇丰。被称为"清初称学有根柢者,以炎武为最"。尤以积累了30多年而写成的《日知录》，这部30卷的学术札记，为他学术造诣最高的著作。此书以明道、救世为宗旨，有条目上千条，内容宏富，其中不少名言警句，得以经久传诵。其中最著名的就是"保天下者，匹夫之贱，与有责焉耳矣"。即天下的兴亡，则是低微的百姓也有责任。此语后来经梁启超之手，演变为"天下兴亡，匹夫有责"，其内含的慷慨激昂，激励着一代又一代的中国普通大众，为抵御外侮、民族自立、国家富强而不懈奋斗。

编蒲抄书终成器

可以说,《古文观止》收录的文章,都是尽善尽美的至文。其中就有汉代路温舒的《尚德缓刑书》。原文见于《汉书·路温舒传》。路温舒时任掌决狱、治狱的廷尉史,恰逢汉宣帝刘询初即位,便写了此篇奏章,从反面指出秦朝的过失,痛陈汉朝酷吏治狱的恶果,劝诫汉宣帝减省法制、放宽刑罚、崇尚德政。

路温舒在奏章中层层剥皮,步步深入,把酷吏违法治狱的表现、原因、危害以及纠正之法,都写得十分透彻。如"臣闻秦有十失,其一尚存,治狱之吏是也"。即我听说秦朝有很多失误的地方,其中一条现在还存在,就是负责审案的官吏违法判案的问题。

"《书》曰:'与其杀不辜,宁失不经。'今治狱吏则不然,上下相驱,以刻为明,深者获公名,平者多后患。故治狱之吏,皆欲人死,非憎人也,自安之道在人之死。"即《书经》上说:"与其杀死无罪的人,宁可犯不按旧法成规办案的错误。"

而现在的判案官吏却不是这样,他们上下相互驱使,以苛刻当严明,严厉判案就会有公道的好名声,公正判案反而会多有祸患。所以那些判案官吏,就都想着把人犯置于死地,这并不是说他们有多么地恨人犯,而是他们求得自保的稳妥办法。

"夫人情安则乐生,痛则思死,棰楚之下,何求而不得?故囚人不胜痛,则饰词以视之,吏治者利其然,则指道以明之,上奏畏却,则锻练而周内之;盖奏当之成,虽咎繇听之,犹以为死有余辜。"即人们的常情是安适之时就会十分快乐,痛苦之时就会想到要死掉,在荆杖鞭打的酷刑之下,从人犯身上什么口供不能得到呢?罪犯往往忍受不了痛苦,就用假话供认,办案官吏得到所要的口供,就对应上某一罪名,列举出罪犯招认的罪行,将如此"完整、清楚"的案子报给上级最终判罪,即使是掌刑狱之事的神明皋陶在世,听了人犯的供述与罪状,也会认为必须处死的。

"何则?成练者众,文致之罪明也。是以狱吏专为深刻,残贼而亡极,媮为一切,不顾国患,此世之大贼也。"即为什么会这样呢?因为审案的官吏陷人于罪、罗织罪名、玩弄法律的缘故。办案官吏专门苛刻严峻地对待犯人,残害人没有止境,不顾民众的痛苦和国家会遭到祸患,这就是现实社会中的大害。

"扫亡秦之失,尊文武之德,省法制,宽刑罚,以废治狱,则太平之风可兴于世,永履和乐,与天亡极,天下幸甚。"即欲纠正酷吏酷法,就要扫除造成秦朝灭亡的错误,奉行周文王、周武王之德,减省法制,宽缓刑罚,天下就会出现太平之气象,和平安乐就会与天地一样无穷无尽,人民就幸福了。

"上善其言",汉宣帝对路温舒的奏言,给予了相当积极的回应。《汉书·刑法志》载,汉宣帝"上深愍焉,乃下诏曰:'间者吏用法,巧文浸深,是朕之不德也。夫决狱不当,使有罪兴邪,不辜蒙戮,父子悲恨,朕甚伤之。今遣廷史与郡鞫狱,任轻禄薄,其为置廷平,秩六百石,员四人。其务平之,以称朕意。'""时上常幸宣室,斋居而决事,狱刑号为平矣。"即汉宣帝非常伤心,于是下诏称:近来官吏们舞文弄法的现象越来越严重,这都是朕的错误。狱案处理不当,使有罪者越发作恶,使无辜者遭受严惩,父子兄弟悲伤愤恨,朕对此甚为难过。如今派廷尉史(廷尉下属官吏)参与各郡的司法事务,但职权小俸禄少,应再置廷尉平 4 名,俸禄为 600 石。务必使审判公平,以符合朕的心意!每年秋天,当对一年中的案狱做最后决定时,汉宣帝经常到宣室殿,实行斋戒亲自裁决。对各类案狱的判决号称公平。

然而,写出如此堪称中国法治史上一篇大作的路温舒,早年却是在蒲草上写字抄书成才的。本传载,路温舒"父为里监门。使温舒牧羊,温舒取泽中蒲,截以为牒,编用写书。稍习善,求为狱小吏,因学律令,转为狱史,县中疑事皆问焉。太守行县,见而异之,署决曹史。又受《春秋》,通大义"。"元凤中,廷尉光以治诏狱,请温舒署奏曹掾,守廷尉史。"即路温舒的父亲是乡里的小吏。小时候,路温舒的父亲让他牧羊,他把湖泽中的蒲草取来,做成简牍的形状,用绳子编起来,在上面写字抄书。后来当上了狱中的小吏,开始学习律令,不久被提为狱史，县里面有疑惑的事都来问他。太守来到县里，看到后感到很惊异，便让他代理曹史。他又钻研《春秋》，弄懂了其中的大义。元凤年间（前80—前74），廷尉李光审理奉天子诏令而被押的犯人，请路温舒代理奏曹掾，兼行廷尉史之职。正是在任廷尉史时，路温舒对愈演愈烈的刑讯逼供、冤假错案感受深刻，才写出了上述著名的奏章。

古人专注读书二三事

"欲访友人被引归，叩门不知已还家。"说的是隋代精于《两汉书》，被时人称为"汉圣"的刘臻，欲访友家却被误引归家而全然不知的故事。

《隋书·刘臻传》载，刘臻"性恍惚，耽悦经史，终日覃思，至于世事，多所遗忘。有刘讷者亦任仪同，俱为太子学士，情好甚密。臻住城南，讷住城东，臻尝欲寻讷，谓从者曰：'汝知刘仪同家乎？'从者不知寻讷，谓臻还家，答曰：'知。'于是引之而去，既扣门，臻尚未悟，谓至讷家。乃据鞍大呼曰：'刘仪同可出矣。'其子迎门，臻惊曰：'此女亦来耶？'其子答曰：'此是大人家。'于是顾盼，久之乃悟，叱从者曰：'汝大无意，吾欲造刘讷耳。'""其疏放多此类也。"即刘臻性情恍惚，沉溺迷恋于经史，整日深思，至于其他事情，多有所遗忘。刘臻与刘讷同为太子学士，感情甚密。刘臻家住城南，刘讷家住城东，刘臻要去刘讷家，问从者知不知道刘讷家。从者以为刘臻要回家，便答"知"。于是引导刘臻而去。一路上刘臻也未说话，至家门口，刘臻以为到了刘讷家，便在马上大声呼唤：刘讷出来。刘臻之子开门后，刘臻惊曰：你怎么也来这里了？其子答曰：·这是咱们家呀。刘臻左顾右盼了好一会儿，才明白过来，于是呵斥从者说，我要去的是刘讷家！其粗疏多如此。

典籍中记载了很多像刘臻这样读书专注、入迷、忘我的事例，不妨衔来几个，与朋友们共赏。《后汉书·朱穆传》载，朱穆"及壮耽学，锐意讲诵，或时思至，不自知亡失衣冠，颠队阬岸。其父常以为专愚，几不知数马足。穆愈更精笃"。即朱穆到了壮年特别好学，在讲诵方面特下功夫，有时想问题专心时，衣、帽丢失了自己也不知道，在坑洼处和河岸边还经常跌倒和坠落。他的父亲常以为他太专心近似愚笨。朱穆却更加精心钻研学问。后来朱穆官拜冀州刺史、朝廷尚书，为人刚正不阿，居官数十年，"死守善道"，蔬食布衣，家无余财，其思想节操为人所推重。时人评其为"兼资文武，海内奇士"。

《晋书·王育传》载，王育"少孤贫，为人佣牧羊，每过小学，必歔欷流涕。时有暇，即折蒲学书，忘而失羊，为羊主所责，育将鬻己以偿之。同郡许子章，敏达之士也，闻而嘉之，代育偿羊，给其衣食，使与子同学，遂博通经史"。即王育小时候是个孤儿，很贫穷，被别人雇佣放羊，每次路过学校的时候，就叹息流泪。王育一有空闲的时间，就截取水杨柳的枝条当笔来学写字，有一次忘记了自己还在放羊，把羊弄丢了，被雇主责罚，王育准备卖身以偿还雇主的损失。同郡的许子章，是个见识广的人，听闻了这件事，夸奖了王育，代王育偿还了羊，供给他衣服和食物，让他同自己的儿子一起上学。王育得以博通经史。

《北史·王劭传》载，撰有《隋书》80卷、《齐书》100卷的隋代历史学家王劭，"少沈默，好读书"。"爱自志学，暨于暮齿。笃好经史，遗略世事。用思既专，性颇恍惚，每至对食，闭目凝思，盘中之肉，辄为仆从所啖。劭弗之觉，唯责肉少，数罚厨人。厨人以情白劭，劭依前闭目，伺而获之。厨人方免答辱。其专固如此。"即王劭有志于学，从小就酷爱读书。一直到年老齿衰，仍坚持不懈。到了晚年，仍然很喜欢研究经史，对日常生活小事都遗忘了。他用心专一，以至于精神恍惚，常常面对食物，闭上眼睛冥思苦想。盘子里的肉经常被仆人偷吃。王劭也不知道真正的原因，只是责问厨师，嫌肉太少，并好几次处罚厨师。厨师把实情告诉王劭后，王劭吃饭时像以前一样闭着眼睛，等仆人偷肉吃，当场抓获。厨师这才免去了再次受到责罚。王劭专心致志竟到了这种程度。

《周书·樊深传》载，樊深"弱冠好学，负书从师于三河，讲习《五经》，昼夜不倦"。"性好学，老而不怠。朝暮还往，常据鞍读书，至马惊坠地，损折支体，终亦不改。"即樊深喜好学习，到老也不懈怠。他在上朝和回家的途中，还经常骑在马上读书。有一次他骑着马看书，马受到惊吓把他摔在地上，他的手脚都被摔折了。但最终还是没有改变马上看书的习惯。正因为这样，他对儒家经典研究得至深至精，每次讲学，都能大量引用汉魏诸家之说。后来被授国子博士，朝廷有疑问，经常召他来询问。

《宋人佚事汇编·卷十》载:"王荆公作《字说》时,用意良苦,置石莲百话枚几案,咀嚼以运其思。遇尽未及益,即啮其指,至流血不觉。"即王安石写《字说》时,用心良苦,放了100多颗莲子在桌子上,用咀嚼莲子来帮助思考。遇到桌上莲子已经嚼完,还未及添加时,就咬自己的手指头,鲜血直流也察觉不到。

南宋理学大师朱熹说过:"读书之法无他,惟是笃志虚心,反复详玩,为有功耳。"大意是,读书的方法没有其他的,只有别无旁骛,坚定意志,虚心求教,反复钻研,才能有所收获。上述刘臻等人看来是都做到了这一点。

借书攻读终成才

"赫赫南仲从军行,军行万里出龙庭。单于渭桥今已拜,将军何处觅功名!"这是北齐至隋朝的大臣、著名诗人卢思道的七言诗《从军行》的最后四句,可以说是全诗的总结。"南仲"是周宣王初年的军事统帅,曾受命到朔方筑城讨伐西戎。大意是,汉军随统帅从军而去,直到匈奴祭祀之地去远征。汉宣帝渭桥见匈奴单于而和好罢战,欲战不能的将军们还将何处寻求征战以邀功名呢?在历代众多的《从军行》作品中,卢思道的这首诗,是传播得较早较为广泛的,也直接影响了唐代以来这类体裁七言诗的创作。

然而,就是这样一位大诗人,竟是借书苦读得以成才的。《隋书·卢思道传》载:"思道聪爽俊辩,通说不羁。年十六,遇中山刘松,松为人作碑铭,以示思道。思道读之,多所不解,于是感激,闭户读书,师事河间邢子才。后思道复为文,以示刘松,松又不能甚解。思道乃喟然叹曰:'学之有益,岂徒然哉!'因就魏收借异书,数年之间,才学兼著。"即卢思道聪明善辩，通脱不羁。16岁时，中山人刘松替人写碑铭，拿给卢思道看，卢思道读后，许多地方不懂。于是感奋读书，拜河间人邢子才为老师。后来，他写诗文给刘松看，刘松也没法全部读通。于是，喟然长叹说："学习的益处，岂是空话！"他便向北齐中书令、文学家、史学家魏收，借了许多奇书来读。几年之间，才学大有成就。

《二十四史》中的各类《文苑传》《儒林传》，记载了许多像卢思道这样，靠借书来读而卓有成就的人物。如《梁书·任孝恭传》载："孝恭幼孤，事母以孝闻。精力勤学，家贫无书，常崎岖从人假借。每读一遍，讽诵略无所遗。""高祖闻其有才学，召入西省撰史。""专掌公家笔翰。""孝恭为文敏速，受诏立成，若不留意，每奏，高祖辄称善，累赐金帛。"即任孝恭年幼时就失去父亲，他侍奉母亲十分孝敬，因此而出名。任孝恭专心一意，勤奋学习，家中贫穷没有书可读，就常常辗转请托向人借书。每读一遍，他就可以背诵，全无遗漏。高祖听说任孝恭有才学，就把他召入西省编撰史书。从此以后，任孝恭专职主管朝廷的文书。任孝恭写文章敏捷迅速，接到诏命立即就能成文，看起来不很花费心思，写好文章呈奏，高祖每每都称赞他的文章写得好，多次赐给他金帛。又如《明史·陈际泰传》载，陈际泰"家贫，不能从师，又无书，时取旁舍儿书，屏人窃诵。从外兄所获《书经》，四角已漫灭，且无句读，自以意识别之，遂通其义。十岁，于外家药笼中见《诗经》，取而疾走。父见之，怒，督往田，则携至田所，踞高阜而哦，遂毕身不忘。久之，返临川，与南英辈以时文名天下。其为文，敏甚，一日可二三十首,先后所作至万首,经生举业之富,无若际泰者"。即陈际泰幼年家贫如洗,无法与其他幼童一样进学读书,只好借邻居小孩的书,偷偷躲在一边自学。8岁时,得到表兄一本破烂不堪的《书经》,便刻苦自学,揣摩其意,慢慢通晓其义。10岁时,在外公家的药笼子中找到一本《诗经》,也日夜攻读。父亲要他下田劳动,他将书带在身边,一有空就诵读不止。后来,陈际泰致力写作,以时文著称,才思敏捷,写作速度极快,有时一天能写二三十篇,一生之中作文多达万篇。在八股文方面造诣较高,被人称为八股文大家。

还有的家中没有书,又借不到书,便利用一切条件,想方设法弄到书来读。有利用职务之便借御书读的。《旧唐书·李敬玄传》载:"敬玄博览群书,特善五礼。贞观末,高宗在东宫,马周启荐之,召入崇贤馆,兼预侍读,仍借御书读之。""仪凤元年,为中书令。"即贞观末年,唐高宗在东宫,将李敬玄召进崇贤馆,参与侍读之事。李敬玄依旧借御书学习,后官至中书令即宰相。有自愿到书院任职而求读书的。《新唐书·阳城传》载,阳城"资好学,贫不能得书,求为吏,隶集贤院,窃院书读之,昼夜不出户,六年,无所不通"。即阳城家贫不能得书,乃求为集贤写书吏,取官方藏书来读,昼夜不出房门,足足有6年的时间,乃至无所不通。还有到集上疯读人家所卖之书的。《后汉书·王充传》载:"充少孤,乡里称孝。后到京师,受业太学,师事扶风班彪。好博览而不守章句。家贫无书,常游洛阳市肆,阅所卖书,一见辄能诵忆,遂博通众流百家之言。后归乡里,屏居教授。仕郡为功曹,以数谏争不合去。充好论说，始若诡异，终有理实。以为俗儒守文，多失其真，乃闭门潜思，绝庆吊之礼，户牖墙壁各置刀笔。著《论衡》八十五篇，二十余万言，释物类同异，正时俗嫌疑。"即王充自小聪慧好学，博览群书，擅长辩论。后来离乡到京师洛阳就读于太学，师从班彪。家贫无书，常游走于洛阳市中的店铺，读店铺中所卖之书，勤学强记，过目成诵，博览百家。曾做过郡功曹、州从事等小官，因政见与上司不合罢官还家，专意著述，教授生徒。著《论衡》85篇，20余万字，以为评定当时言论价值的天平，解释世俗之疑，辨别是非之理。后世对该书评价极高，认为它是古代一部不朽的唯物主义哲学文献。

更有甚者，借到书后便抄成副本自存，以便日后反复诵读。如《周书·裴汉传》载："操尚弘雅，聪敏好学。尝见人作百字诗，一览便诵。""借人异书，必躬自录本。至于疹疾弥年，亦未尝释卷。"即北周官至车骑大将军的裴汉，经常借别人的异书来读，每借到书后必亲自抄录成副本。虽然疾病常年缠身，仍手不释卷，读书不止。又如《梁书·袁峻传》载："峻早孤，笃志好学，家贫无书，每从人假借，必皆抄写，自课日五十纸，纸数不登，则不休息。""除员外散骑侍郎，直文德学士省，抄《史记》《汉书》各为二十卷。"即袁峻仕南梁，历任员外郎、散骑常侍。早年失去双亲，笃志好学，家贫无书，便去借书回来抄写，每日要抄写满50张纸，抄写不完，则不休息。为官后仍保留抄书习惯，曾手抄《史记》《汉书》各20卷。

树叶上写就的传世之作《辍耕录》

《南村辍耕录》，简称《辍耕录》，是元末明初文学家、史学家陶宗仪（字九成，号南村），所写的有关元朝和明朝前期的一部历史琐闻笔记，共30卷，20多万字。书中保存了丰富的史料，记载了元代与明代的典章制度、趣闻逸事、戏曲诗词、小说书画、风俗民情、农民起义等史料。后世学者认为，这部书的史料和学术价值都很高。

然而，就是这样一部传世大作，竟是作者在劳作之余，于树叶子上写就10年之久而成的，着实令人既无比震惊又深感钦佩。《明史》本传只有250字左右，称其"务古学，无所不窥"。"为诗文，咸有（多有）程度，尤刻志（笃志）字学（书法的学问），习舅氏赵雍（元代书画家）篆法。"官府几次征召皆不就，专心著述，"所著有《辍耕录》30卷，又葺《说郛》、《书史会要》（包括搜集的金石碑刻、研究书法理论与历史等内容）、《四书备遗》，并传于世"。本传中并没有具体介绍《辍耕录》是如何写成的，倒是其好友孙作，在为他的《辍耕录》作序时，比较充分地展示了陶宗仪创作该书的艰难历程。

孙作是元末明初的诗文家，与陶宗仪同在吴地躲避战火。据《明史·孙作传》载，孙作逃离家乡时，"尽弃他物，独载书两簏"，"为文醇正典雅，动有据依。尝著书十二篇，号《东家子》，宋濂为作《东家子传》"。孙作在为《南村辍耕录》作序中写道："吾友天台陶君九成，避兵三吴间，有一廛，家于松南。作劳之暇，每以笔墨自随。时时辍耕，休乎树阴，抱膝而叹，鼓腹而歌。遇有肯綮，摘叶书之，贮一破盎；去则埋于树根，人莫测焉。如是者十载，遂累盎至十数。一日，尽发其藏，俾门人小子萃而录之，得凡若干条，共三十卷，题曰《南村辍耕录》。"即我的朋友天台人陶宗仪，字九成，躲避兵乱到了三吴之间，有一所房屋，家住在松南。在耕作空闲的时候，每每都带着笔墨下地。常常在停止耕作的时候，在树荫下休息，抱着膝盖叹息，拍着肚子唱歌。想到重要的问题，就伸手摘下树叶，写在上面，然后贮藏在一个破瓮里；回家的时候，就把瓮埋在树根下面，人们都不知道这件事。像这样，过了10年，写满字的树叶装满了几十瓮。有一天，他把所有的贮藏树叶的瓮挖出，让他的学生们把树叶聚集在一起，整理抄写，编成了一部30卷的书，命名为《南村辍耕录》。

因此人们都说，《南村辍耕录》是作者写在树叶子上的书。陶宗仪坚持十年如一日地学习和写作，正是由于他的勤奋和专心，才终于完成了这部传世的巨著。看来从古至今，做学问都必须讲究一个专心与勤奋，真的是没有什么捷径可觅可寻啊！

马背囊中孕"鬼才"

"天若有情天亦老"这一名句,出自唐代李贺的《金铜仙人辞汉歌并序》这首诗。金铜仙人,是汉武帝晚年为求长生不老而建造的。三国时,魏明帝于洛阳大建宫室,把金铜仙人拆离汉宫,运往洛阳,"仙人临载,乃潸然泪下",后因太重没有运到洛阳留在了霸城。李贺借铜人泪下的传说加以发挥,在诗中写道:"空将汉月出宫门,忆君清泪如铅水。衰兰送客咸阳道,天若有情天亦老。携盘独出月荒凉,渭城已远波声小。"大意是别看苍天日出月没,光景常新,亘古不变,假若它有情的话,也照样会衰老。看到金铜仙人就这样离别汉宫,苍天如果有情,也会因为忧伤而变衰老,以此寄寓自己对李唐王朝日趋滑向下坡路的忧愤之情。此句意境高远,感情深沉,为历代的人们所传诵。司马光曾称赞它"奇绝无对"。

李贺,字长吉,中唐著名的青年诗人,号诗鬼,是享有盛誉的浪漫主义诗人,与李白、李商隐合称"唐代三李"。李贺是唐朝宗室的一个没落"王孙",27岁就去世了,一生虽短促,却留下了240多首诗歌，从不同侧面"深刺当世之弊，切中当世之隐"。他借助美妙的神话传说，驰骋丰富的想象，精巧新奇的构思，运用瑰丽多彩的语言，创造变幻奇特的境界，深刻地反映了当时的社会现实，具有强烈的感人力量。他还经常借助荒坟野草、牛鬼蛇神等形象，表达怨恨悲愁的情绪和荒诞虚幻的意境，写出所谓的"鬼"诗来。宋代马端临《文献通考》载："宋景文诸公在馆，尝评唐人诗云：'太白仙才，长吉鬼才'。"李贺的所谓"鬼"诗只有十几首，占他全部诗篇的很少一部分，然而却获得了鬼才、鬼仙和诗鬼之称。

其实，李贺的好多诗篇与名句，都出自马背的锦囊之中。《新唐书·李贺传》载，李贺"每旦日出，骑弱马，从小奚奴，背古锦囊，遇所得，书投囊中。未始先立题然后为诗，如它人牵合程课者。及暮归，足成之。非大醉、吊丧日率如此。过亦不甚省。母使婢探囊中，见所书多，既怒曰：'是儿要呕出心乃已耳。'"即李贺每天清晨外出，骑一匹瘦马，由书童跟着，背上一条古锦囊，心中偶有所想所得，就随手记下来投入袋中。李贺并不是先立题目后写诗，像其他人那样按写诗的教程中规中矩地勉强凑合。到傍晚回家时，诗文已成。除非喝醉酒或者参加吊丧，每天都是如此，也不管所记的诗句是否太多。他的母亲让婢女检查那个古锦囊，见诗条写得太多了，便发脾气说："这孩子非要累得把心吐出来才肯罢休！"

对李贺的诗篇，爱好者代代不乏其人。尤其是千古名句"天若有情天亦老""雄鸡一声天下白"等，一再为后世诗人所借用，如欧阳修、贺涛、元好问等诗词大家。

毛泽东还引用或化用过李贺的上述诗句。毛泽东在1949年4月所作的《七律·人民解放军占领南京》一诗中写道："天若有情天亦老，人间正道是沧桑。"毛泽东借用李贺诗中的这句话，是说如果苍天有情看到国民党的黑暗统治，也会愤怒难以忍受，深受黑暗势力压迫的群众，也要求彻底推翻反动统治，完成翻天覆地的革命事业。1950年10月其所作的《浣溪沙·和柳亚子先生》一诗中："一唱雄鸡天下白，万方乐奏有于阗，诗人兴会更无前。"其中"一唱雄鸡天下白"这句，就是从李贺《致酒行》"我有迷魂招不得，雄鸡一声天下白"点化而来。李贺的本意是自己的理想不会因为苦难而忧愁消退，梦想是一定能够实现的。毛泽东则将此句赋予了新内涵，描绘出新中国诞生了，就像一轮新的太阳一样照耀了全世界。

古代读书人的别号颇有情趣

古代读书成癖、沉溺书海之人，他们自己或外人，往往以种种别号称之，又多带有书字，如"书城""书窟""书巢""书迷"等，这些雅号当然是以赞美为主，其中也有一些纯属贬称，今天读起来也还是颇有几多情趣。

"书库"与"书楼"，特指那些藏书海量、博学饱识之士。《隋书·公孙景茂传》载，公孙景茂"容貌魁梧，少好学，博涉经史"。"时人称为书库。"公孙景茂学以致用，修身洁己，先后任过息州和道州刺史，法令严明，抚恤百姓，发展生产，经常用自己的俸禄买牛犊、鸡和猪，分给不能养活自己的孤寡老弱之人，被人们称为"良牧"。隋文帝曾下令将他的事迹昭示给天下官吏。他在任上去世后，下葬那天奔丧的有上千人，有人实在参加不了葬礼，就向着他的坟墓方向痛哭、野祭。"书楼"则说的是唐代的李磎。《旧唐书·李磎传》载："李磎自在台省，聚书至多，手不释卷，时人号曰'李书楼'。"李磎一生好学，喜欢聚书，家中存书万余卷，曾建楼以藏书，得号

"李书楼"。李磎的后裔接续维护此书楼,直到明代书楼方被毁坏。看来,"书库"与"书楼"是褒称无疑了。

"书簏"与"书橱",其中的"簏"字本义,是指用藤条或柳条编结的圆形盛器,泛指藏书用的竹箱子。"书簏"用以讽喻读书虽多,但不解书义或不善于运用的人。"书橱"一是指学问渊博之人;二是讽喻读书多却不能应用的人,与"书簏"的意思近似。《晋书·刘柳传》载,刘柳为仆射,傅迪为右丞。"时右丞傅迪好广读书而不解其义,柳唯读《老子》而已,迪每轻之。柳云:'卿读书虽多,而无所解,可谓书簏也。'时人重其言。"即刘柳任尚书仆射时,右丞傅迪好读书,书虽然读了不少,但是能够读懂的却很少。刘柳只是读老子的《道德经》而已。因此傅迪看不起刘柳。刘柳对傅迪说:"你书读得虽多,可是一本也没有读懂,这不等于是一只装书的箱子吗?"当时的人都认为刘柳的话很有道理。同是被以此贬义相称的还有李善,《新唐书·李邕传》载,李邕"父善,有雅行,淹贯古今,不能属辞,故人号'书簏'"。

"书橱"仅从字面上理解,颇有摆设、中看不中用的意味。《南齐书·陆澄传》载:"澄当世称为硕学,读《易》三年不解文义,欲撰《宋书》竟不成。王俭戏之曰:'陆公,书橱也。'"大文豪鲁迅也说过:看书"仍要自己思索,自己观察。倘只看书,便变成书橱"。(引自鲁迅《读书杂谈》)但"立地书橱"就不一样了,应该是褒义无疑。《宋史·吴时传》载:"时敏于为文,未尝属稿,落笔已就,两学目之曰:'立地书橱。'"即国子监与太学里的人与吴时接触后,都觉得他学识渊博,为此称他为"立地书橱"。吴时还有个逸事:一个读书人写文章触犯了忌讳,学官认为文章中的话是做臣子的不忍心听到的,要上告,以此惩罚那个读书人。吴时知道这件事后,把那篇文章取来,当场投入火炉中烧毁,并且对那学官说:"既然当臣子的不忍心听到这种话,难道就忍心让君王听到这种话吗?"吴时此举既救了那个读书人,学官也没惹上什么麻烦。

"书淫""书痴""书癫"则有褒有贬,还有人以此来自嘲自娱。"书淫","淫"有"过于沉溺""越过常度"之义,指好学不倦、嗜书入迷的人。"书癫",指读书入迷、忘形似癫的人。"书痴",即书呆子,明显带有贬义。《晋书·皇甫谧传》载,皇甫谧"耽玩典籍,忘寝与食,时人谓之'书淫'。或有箴其过笃,将损耗精神。谧曰:'朝闻道,夕死可矣,况命之修短分定悬天乎!'"即皇甫谧潜心钻研典籍,甚至废寝忘食,故当时有人说他是"书淫"。也有人告诫他,过于专心,将会耗损精神。皇甫谧说,早晨得到了道理,黄昏死去也是值得的,何况生命的长短是上天注定的呢!他以著述为生,是著名的医学家、史学家,其著作《针灸甲乙经》是中国首部专著,还著有大量文学、史学、医学书籍。有学者说,考晋时著书之富,无若皇甫谧者。

《梁书·刘峻传》载:"峻好学,家贫,寄人庑下,自课读书,常燎麻炬,从夕达旦,时或昏睡,爇(焚烧)其发,既觉复读,终夜不寐,其精力如此。""自谓所见不博,更求异书,闻京师有者,必往祈借,清河崔慰祖谓之'书淫'。"即刘峻好学,家里贫穷不能自给,刘峻暂居在别人家的厢房里,自己按照规定的内容和分量学习读书，常常点着麻秆捆成的火把，从晚上一直学到天亮。有时昏睡，不小心麻秆烧了他的胡须头发，等到发觉又接着读，他的精神毅力就是这样。晚年更加精益求精，才智超过常人。他为自己见识不广博而苦恼，听说有奇异的书，一定前去请求借阅。清河崔慰祖称他为"书淫"。

而"书痴"则是带有讽刺意味了。《新唐书·窦威传》载，窦"威沈邃有器局，贯览群言，家世贵，子弟皆喜武力，独威尚文，诸兄诋为书痴"。但蒲松龄却大赞了"书痴者"。《聊斋志异·阿宝》载："性痴，则其志凝：故书痴者文必工，艺痴者技必良。世之落拓而无成者，皆自谓不痴者也。"即性情痴的人，他的意志十分专注，所以书痴一定善于文辞，艺痴者的技艺一定精良。世上那些落拓无成的人，都是些自称聪明不痴的人。

读书人更有以甘当"书痴""书癫"而自豪的。如陆游在《寒夜读书》一诗中曾用"书癫"一词自我解嘲："韦编屡绝铁砚穿，口诵手钞那计年。不是爱书即欲死，任从人笑作书癫。"即书的装订线常常被磨断，铁质的砚台也已磨穿，不知道这是我诵读和抄书的多少个年头了。如果不是因为爱读书而活着那还不如死掉，随便别人怎么笑话我是个"书癫"。陆游《送范西叔赴召》诗有句："白头尚作书痴在，剩乞朱黄与校雠。"陆游藏书甚多，晚年仍做书呆子，对自己的藏书还都要仔细校勘精良，以校勘书籍为唯一乐事。

诸葛亮与"四友"的读书情志

诸葛亮在卧龙岗耕读的十几年里,一直都与崔钧(字州平)、石韬(字广元)、孟建(字公威)、徐庶(字元直)等人为友。时人称崔钧等四人为"诸葛四友"。其中崔州平曾任虎贲中郎将、西河太守,参加过讨伐董卓,后隐居于荆襄之地,年龄应该比诸葛亮大许多,另外三人同诸葛亮一样,都是因躲避战乱而来到荆襄,大致与诸葛亮年龄相仿,正所谓韶华时光,书生意气。他们几个人一同耕读,一同国议,又一同游历,结下了深厚友情,留下了不少有趣的故事。

《三国志·诸葛亮传》载:诸葛亮"身长八尺,每自比于管仲、乐毅,时人莫之许也。惟博陵崔州平、颍川徐庶元直,与亮友善,谓为信然"。管仲长于内政,乐毅长于军事,而诸葛亮常常自比管仲、乐毅,说白了就是认为自己治理国政、领兵作战全行。当时周围的人,大都不认同诸葛亮,只有崔州平与徐元直认为确实如此。

诸葛亮直到与"四友"分别二三十年以后,还常常怀念和提起与这几人的真诚友谊。《董和传》载：诸葛亮曾在两次教令中提到崔州平、徐元直对自己的帮助。"夫参署者，集众思，广忠益也。""然人心苦不能尽，惟徐元直处兹不惑。""苟能慕元直之十一，幼宰（董和）之殷勤，有忠于国，则亮可少过矣。""昔初交州平，屡闻得失；后交元直，勤见启诲。"即集思广益须众人参与。然而有人却做不到尽情表达，只有徐元直能处此而不惑，敢说敢当。众人如能做到徐元直的十分之一，像董和那样勤勤恳恳，为国尽忠，那我的过失就会少多了！我过去与崔州平交往，屡次听到他指出我做事的得失，后来与徐元直相交，也总是受到他的启发和指教。

然而，诸葛亮与"四友"的读书学习方法却大不相同，《三国志》有段记载，很有意思。《魏略》曰："亮在荆州，以建安初与颍川石广元、徐元直、汝南孟公威等俱游学，三人务于精熟，而亮独观其大略。每晨夜从容，常抱膝长啸，而谓三人曰：'卿三人仕进，可至刺史、郡守也。'三人问其所至，亮但笑而不言。"即诸葛亮与石广元、徐元直、孟公威一同游学，石、徐、孟三人求学皆务要精读熟记，只有诸葛亮不局限于对具体问题的钻研，而是只看大的方略，抓住关键，掌握要点。每至晨夜闲时，常抱膝抚琴，吟诵《梁父吟》。诸葛亮还对三人说：你们三人入仕官位可至刺史、郡守。三人反问诸葛亮能官至何位，他只笑而不说。

对徐元直等人"务于精熟"的读书方法，当然好理解了，无非就是对书本中的一字一句都要搞得清清楚楚、明明白白，不把一部书弄个滚瓜烂熟便不算完。其实书本，尤其是教科书，不论古今，都是按照循序渐进的原则所编排，大部分内容是作为辅助知识而存在的，如对其一字一句都搞得清清楚楚，易出现一叶障目的情况，有时反而难以把握书中的重点和核心，虽然可能在某一科目上搞得很精很透，却难以抓住书中的要义。

尽管如此，"务于精熟"仍不失为读书学习的一种好方法。而诸葛亮"观其大略"的读书方法，到底是个什么样子呢？笔者作为一个普通人，不可能完全理解大贤的心思，总的感觉：观其大略，绝不是看看大概，只求广博而已。大略的大是层次高远，略为战略、策略、方略之简称。"观其大略"的本意，似乎是站在很高的层次上，去寻求、观察和研究书本中蕴藏着的深远的战略、策略、方略方面的内容。通俗地讲，就是透过现象看本质，站在更高的层次来获取知识，并对其进行分类筛选和归纳总结，去伪存真由表及里，从中抓住核心所在，规律所在，重点所在。这固然可以算作一种读书方法，但更多的是体现着一种志存高远、襟怀天下的志向，以及由此而派生出来的读书旨趣，因为它具有明确而强烈的指向，需要宽广的视野、严密的论证和精细的推敲，既可以是精读，也可以是泛读，更多的则是研读。诸葛亮《诫子书》载："夫学须静也，才须学也，非学无以广才，非志无以成学。"这段话就是他的精辟的读书见解。正是胸怀大志、勤奋读书及擅长总结和撷取书中的要义与精华，领会精神实质，而没有钻进书堆，死记硬背，才使得诸葛亮得到的知识，在广博和精深上远远超过了他人，为日后的担当，奠定了既坚实又厚重的知识储备，并形成与具备了常人无法企及的大格局、大气度。清代王萦绪《诸葛忠武侯集》载:"武侯独观大略,正善于读书,故能得到帝王圣贤之真传也。"

诸葛亮的《论诸子》一文,最能体现他读书"观其大略"的风采,展示出广采博长避其之短的大气。"老子长于养性,不可以临危难。商鞅长于理法,不可以从教化。苏、张长于驰辞,不可以结盟誓。白起长于攻取,不可以广众。子胥长于图敌,不可以谋身。尾生长于守信,不可以应变。王嘉长于遇明君,不可以事暗主。许子将长于明臧否,不可以养人物。此任长之术者也。"即老子擅长修身养性,但不能对付危难局面;商鞅擅长以法理治国,但不能推行道德教化;苏秦、张仪擅长外交辞令,但不能结盟守约;白起擅长攻城夺地,但不能团结多数人;伍子胥擅长以谋破敌,但不能保全自身;尾生(古代传说中坚守信约的人,与女子约于梁下,女子不来,抱柱而死)擅长守信用,但不能随机应变;王嘉(汉哀帝时任丞相,屡谏哀帝进贤不成绝食而死)擅长知遇明君,但不能事奉暗主;许劭(东汉人,善知人评人)擅长公正地品评别人的长短,但却不能培养人才。这就揭示了用人之长的重要性。

诸葛亮"观其大略"的实践结晶之一,是著名的《隆中对》,显示了他非凡的见识与长远的眼光。一个未出茅庐的青年才俊,在刘备三顾茅庐时,就能向其提出兴复汉室、谋取天下的战略策划书,清晰地判明未来四五十年的天下大势,何等了得!其后三国的发展走向,可以说完全是《隆中对》的逐步兑现而已。

诸葛亮的"四友",除崔州平一直隐居外,石广元、徐元直、孟公威都先后去了曹魏集团,分别官至典农校尉、郡守;右中郎将、御史中丞;凉州刺史、征东将军。建兴六年(228),诸葛亮率军北伐,听闻徐元直与石广元官职都不太高,感叹道:"难道是魏国的谋士太多了吗?为什么不重用徐、石两人呢?"替他俩遗憾、抱屈。诸葛亮率军再出祁山时,曾在回复司马懿的信中,希望司马懿请部将杜袭替他向孟公威致意。此三人在曹魏阵营没有得到重用,原因可能是曹魏的官员被门阀士族所把持,另外可能真就如诸葛亮所说,他们几人之才,也就仅限于当个郡守、刺史罢了。

品味唐诗里的"括图书"

"不事兰台贵,全多韦带风。儒官比刘向,使者得陈农。晚烧平芜外,朝阳叠浪东。归来喜调膳,寒笋出林中。"这首《送李嘉祐正字括图书兼往扬州觐省》诗,是唐代司空曙所作。天宝七年(748)的进士李嘉祐,被授予秘书省正字,负责校正典籍文字,被派往扬州等地"括图书"即搜集图书,并顺便探望父母双亲。好友、诗人司空曙以诗相送,大意是李嘉祐虽身在秘书省但清正廉洁,仍如系着无饰物皮带的平民一样,犹如西汉时期校正经典的著名经学家刘向,以及奉命搜访图书的陈农。经过一番努力,此次收获定会超过前人。回来再下厨烹调孝顺父母,正如三国东吴孟宗,因母爱吃笋而冬季无笋,于竹林痛哭而寒笋生出一样。

所谓"括图书",就是派官员到民间去,广泛收集散在民众手中的典籍。中华典籍浩如烟海,是最为绵长悠久、庞杂浩大的文化传承,是民族的文化血脉和国人的文化基因,是中华文脉绵延数千载的历史见证,更是文化传承与创新的基础。但由于秦始皇焚书坑儒,导致天下的藏书几近毁于一旦,加上秦汉时期,还没有发明印刷术,只能靠手抄方式和简帛载体来保存和传播书籍,以及后来历次改朝换代战火的摧残与破坏,所以在古时的任何年代里,书籍都是非常珍贵的稀罕物品。

早在西汉时期,朝廷就多次下诏在民间求书,然后藏于宫内秘府,被简称为"秘书"。而在东汉则开始设隶属于国家的中央机构——秘书省,专门负责管理国家的所有藏书,到唐代秘书省曾改名为"兰台",明代则叫"翰林院"。《汉书·成帝纪》载,河平三年(前26)"光禄大夫刘向校中秘书。谒者陈农使,使求遗书于天下"。看来这个陈农,是史书上记载最早担任"括图书"任务的使者。

到了唐代,"括图书"已经是一个常态化的任务,下面的几首诗反映出,从开元年间(713)至建中年间(783),七八十年间,朝廷不断地派官吏下到民间去"括图书"。朝廷派出的官员,全是由进士担任的秘书省官员,各个才高八斗,好几人被誉为"大历十才子",可谓是专业的人干专业的事。访书使者奔赴各地后,多采用悬赏求书的招数,有的还取得地方官员的积极协助,因完成任务有大致上的时限。"括图书"任务,如完成得不好,在时间上拖得过久,是会被追究问责的。

诗人耿湋,是宝应二年(763)的进士,"大历十才子"之一,大历八年(773)至大历十一年(776)的4年间,曾在江淮地区"括图书"。这是耿湋一生中所做的一件重要事情。同为"大历十才子"之一的诗人李端,专门写诗相赠《送耿拾遗漳使江南括图书》："汉使收三箧，周诗采百篇。"即希望耿漳像汉使陈农那样，搜集三大箱子经书，上百篇诗词。另一位"大历十才子"之一的崔峒进士，曾任拾遗、集贤学士。也是"大历十才子"之一的诗人钱起，有首《送集贤崔八叔承恩括图书》诗，前四句为："雨露满儒服，天心知子虚。还劳五经笥，更访百家书。"即崔峒文才横溢学识丰富，才被朝廷派去搜寻遗失的先秦诸子典籍。要不辞辛劳走遍百户千家，多搜图书集入箱中。

唐代诗人储光羲，在《送沈校书吴中搜书》（沈校书，史书无记载）诗中写道："秦阁多遗典，吴台访阙文。君王思校理，莫滞清江濆。"即古代遗落的典籍很多，姑苏台一带则更多。朝廷欲加快典籍的校刊整理，你可切莫在沿江之胜地长久滞留啊。诗人韦应物《送颜司议使蜀访图书》（颜司议，史书无记载）的诗中，还特意嘱咐："无为久留滞，圣主待遗文。"即完成任务后务必及时返京，皇上陛下时刻都等着审看你搜集来的图书。

而因滞留在外迟迟未归的"括图书"使者，还真有被惩处的。《新唐书·萧颖士传》载："天宝初（742），（萧）颖士补秘书正字。于时裴耀卿、席豫、张均、宋遥、韦述皆先进，器其才，与钧礼，由是名播天下。奉使括遗书赵、卫间，淹久不报，为有司劾免，留客濮阳。"说的是萧颖士被选为秘书省正字时，裴耀卿等好多先辈都器重他的才华，对他以礼相待，于是萧颖士早早就闻名天下。萧颖士被圣上派往赵、卫地去"括图书"。然而，萧颖士却迟迟不归，被弹劾免官，留在了濮阳。

从史书的记载看，唐代的"括图书"，成效还是相当突出的。《宋史·艺文志一》载："历代之书籍，莫厄于秦，莫富于隋、唐。"这当然是多种因素促成的，历代开国之初，皇帝和有识之臣都特别重视搜集典籍，这在二十四史和清史稿的《艺文志》中，有非常清楚的记载，尤其是隋、唐两代，更是甚于其他朝代。《隋书·牛弘传》载，隋开皇初，散骑常侍、秘书监牛弘，鉴于隋朝新立，典籍散佚，国家藏书尚少，上表请开献书之路。隋文帝于是下诏，凡献书一卷，奖缣一匹，又设专人抄录副本，原本或归本人，或由国家珍藏。"一二年间，篇籍稍备。"《新唐书·艺文志》载："贞观中，魏徵、虞世南、颜师古继为秘书监，请购天下书。"无疑，所有这些举措，对源远流长的中华文化的载体——典籍的保存与流传，起了至关重要的作用。但这中间也少不了"括图书"使者的功劳，正是他们的辛劳与付出，对典籍的抢救与汇聚，起到了至关重要的作用。我们今天得以欣赏阅读到如此众多的典籍，满怀底气十足的文化自信，可不要忘了陈农等人的功绩啊！

读书妙招"三"字里藏

粗翻了几部典籍,发现古代的大师们既自己刻苦读书学习,又善于总结读书学习的经验,有趣的是好多都和"三"字有关,富有哲理,通俗易懂,让人读了就不会忘记,照着它去做还挺管用。

最早的有"三听",出自周朝的文子。他是老子的弟子,道家祖师,解说和发展老子思想的《文子》一书的作者。《文子·道德》载:"上学以神听,中学以心听,下学以耳听。以耳听者,学在皮肤,以心听者,学在肌肉,以神听者,学在骨髓。故听之不深,即知之不明。"说的是,最好的学习是集中精神去听,中等的学习是用心来听,差的学习是用耳朵听。用耳朵听的人只学到皮毛,用心听的人学到内容,集中精神听的人学到精髓。所以,听得不深刻,也就理解得不透彻。"三听"与道家其他经典语言一样,乍一读让人有些费解,比如"神听"与"心听"如何区别,但越琢磨越有味道,能使自己上升到"神听"的境界,是需要宁静下来,割弃所有杂念的。做到

"神听"不易，真能如此定有斩获。

再就是"三余"，是三国时魏国著名的大儒董遇所说。《三国志·王肃传》裴松之注引《魏略》："'读书百遍，而义自见。'从学者云：'苦渴无日。'遇言：'当以三余。'或问'三余之意'，遇言：'冬者岁之余，夜者日之余，阴雨者时之余也。'"即：书读得熟了多了，自然就会知道它的含义了。有人说想读书却苦于没有时间，董遇告诉其要充分利用好"三余"时间，即冬天是一年里闲余的时间，夜晚是一日里闲余的时间，阴雨天是晴天里闲余的时间。

还有宋朝欧阳修的"三上"和朱熹的"三到"。《闲燕常谈》载："欧阳修对谢希深说：'我一生写文章大多是在三上：马背上、枕头上、厕所上。只有这些时候，才能唤起文思。'""三到"是朱熹在《晦庵先生朱文公集·训学斋规》篇所载："余尝谓，读书有三到，谓心到，眼到，口到。心不在此，则眼不看仔细，心眼既不专一，却只漫浪诵读，绝不在此，记亦不能久也。三到之中，心到最急。心既到矣，眼口岂不到乎？"

不言而喻，"三听""三到"，强调的是要聚精会神地来读书学习，才会有所收获，而"三余""三上"，强调的是读书学习要利用好一切时间，尤其是空闲时间。这四个"三"字，将怎样读书学习，从精神实质到方式方法，都告诉人们了，这些妙招已是中华民族酷爱读书学习优良传统的组成部分，尽管当今的条件和环境变化极大，但它们仍然管用，照着去做准保没错。有人会说，都什么年代了，一部手机在握，"指尖一划，资讯全来"，还用得着再费牛劲去看书吗？答案还是用得着的。手机是要看的，资讯也应该了解，在高科技家什面前不能有丝毫的落伍，但绝不能以看手机来代替读书学习。若满足于了解点热门话题和有关事件，也好人云亦云地议论一番，浏览一下新潮小说文章什么的，那手机是绰绰有余，但手机永远也比不过书籍这个知识的海洋，既丰富多彩又博大精深。起码现时是这样，也许未来手机会发展成无所不能的样子，那是将来的事情。今天想有所作为的人们，还是踏踏实实地多读点书吧，像上述诸位前贤所教导的那样，挤出时间来，提起精气神，好书就要看十遍八遍，认真记笔记，联想促思索，久而久之，思想的闸门就会洞开，创新就会与你结伴为伍，定会助推事业的发展。

刘备遗诏教子多读书

章武三年春（223），刘备于永安病重，召诸葛亮前来，嘱以后事。同时，刘备还留遗诏给刘禅，从多方面教导启发刘禅，特别告诫刘禅要多读书。只是刘禅后来的表现平庸，更称不上是什么明主，刘备的教子遗诏才没有引起人们更多的关注。实际上，刘备教子读书的短短几行遗言，饱含了父亲深深的爱子之心，其重德重学之情，令人们今天读起来仍深受感动。

《三国志·先主传》裴松之注引《诸葛亮集·刘备遗诏敕后主》载："朕初疾但下痢耳，后转杂他病，殆不自济。人五十不称夭，年已六十有余，何所复恨，不复自伤，但以卿兄弟为念。射君到，说丞相叹卿智量，甚大增修，过于所望，审能如此，吾复何忧！勉之，勉之！勿以恶小而为之，勿以善小而不为。惟贤惟德，能服于人。汝父德薄，勿效之。可读《汉书》《礼记》，闲暇历观诸子及《六韬》《商君书》，益人意智。闻丞相为写《申》《韩》《管子》《六韬》一通已毕，未送，道亡，可自更求闻达。"即：我最初只是得了一点儿痢疾而已，后来转而得了其他的病，恐怕难以挽救自己了。50岁死的人不能称为夭折，我已经60多岁了，又有什么可遗憾的呢？所以我不再为自己感伤，只是惦念你们兄弟。射援先生来了，说诸葛亮惊叹你的智慧和气量，有很大的进步，远比他所期望的要好，要真是这样，我又有什么可忧虑的啊！努力啊，努力！不要因为坏事很小而去做，不要因为善事很小而不去做。只有拥有才能和高尚品德，才能使别人信服。你父亲我德行不深厚，你不要效仿。可以读一下《汉书》《礼记》，有空时系统读一下先秦诸子著作以及《六韬》《商君书》，对人的思想和智慧会有很大帮助。听说诸葛亮已经为你抄写完一遍《申子》《韩非子》《管子》《六韬》，还没给你，就在路上丢失了，你自己可以再找有学问的人学习这些东西。

  从这篇遗诏看，刘备教导后主，当然以德为先。如"勿以恶小而为之，勿以善小而不为。惟贤惟德，能服于人"。刘备此时以此语叮嘱刘禅，可谓用心良苦。还说了"汝父德薄，勿效之"的话。有学者评说："自汉以下，所以诏敕嗣君者，能有此言否？"即大凡皇帝临终前没有这么谦虚的，刘备大概是第一人。

  但通观遗诏，刘备又是以教导刘禅读书为主。粗略分析，刘备教子读书的遗诏，既有针对性与实用性，又少而精。当然，也有学者责备刘备、诸葛亮，不以经书辅导少主，而用以上这些书，有点旁门左道之嫌。但是，多数人都认为，刘备、诸葛亮做得对，是因为后主庸弱，宽厚仁义，襟量有余，而权略智谋，确是其短。刘备让刘禅读的这些书中，《汉书》为本朝之掌故，东汉时期的历史学家班固编撰，是中国第一部纪传体断代史，是继《史记》之后的一部重要史书。《礼记》为治身之要籍，主要记载和论述先秦的礼制、礼仪，解释仪礼，记录孔子和弟子的问答，记述修身做人的准则。《六韬》述兵权略记，全书以太公姜子牙与文王、武王对话的方式编成，被誉为兵家权谋类的始祖。《管子》贵轻重，慎权衡，为春秋初期齐国人管仲所著，以法家和道家思想为主，兼有儒家、兵家、纵横家、农家、阴阳家的思想，是先秦时最大的一部杂家著作。《申子》核名实，韩国申不害的代表作，主张刑名，为法家始祖。《韩非子》引绳墨、切事情，战国后期韩国韩非子的代表作，为战国末年法家之集大成者。《商君书》法家学派的代表作，论述了商鞅一派的变法理论和具体措施。

刘备以这些书籍施之后主，正治其病。可见古人读书，皆以致用，这与有些儒生博士读书只资口谈是不同的。说到这里，可以将刘备让刘禅读这些书的目的，大致地捋一捋了，那就是读《汉书》，念念不忘扛起"讨灭汉贼，匡扶汉室"的大旗，这是蜀汉的立国之本，政治优势之所在，万万忘不得；读《礼记》，先要修好身，修身、齐家、治国、平天下，是历代有为之士的最高理想，其中修身总是第一位的，也是最为基础的；读《申》《韩》《管子》《商君书》，就是要纠正刘璋治理益州时政治暗弱、德政不举、威刑不肃的状况，强调威之以法，限之以爵，恩威并重，上下有节；读《六韬》，则是学点军事权谋，乱世离不开用兵打仗，没有点"阴谋诡计"是行不通的。而这些又恰恰是刘禅所不具备，或是比较缺乏的。刘禅书读得好坏，史书上没有下文，但从其稳坐皇位 40 多年，历经诸葛亮、蒋琬、费祎、姜维等多位首辅，虽然平庸有余，但也没有坏得太出格，后期重用黄皓祸国是罪过，听信谯周举国投降邓艾是罪过，如果看刘禅的全部历史，该是认真读书，学以致用，开卷有益吧。

家诫书

过去，笔者只知道《三国志》有一篇诸葛亮的《诫子书》，充其量还知道一篇刘备教育阿斗多读书的遗诏书，但是笔者读了《王昶传》的《家诫书》，即诫子侄书，感慨颇多。王昶，字文舒，是曹魏中后期，特别是司马氏主政后的重要人物之一，魏文帝时任洛阳典农、兖州刺史。魏明帝即位后，升为扬烈将军，赐关内侯。著《治论》20多篇、《兵书》十几篇。正始年间，迁征南将军，假节都督荆、豫两州军事，因政绩突出，升任司空。甘露四年，即259年，王昶去世，被追封为穆侯。王昶为兄子及自己子女起名字，都按谦虚、诚实的原则，他把哥哥的儿子一个命名为默，字处静；另一个命名为沈，字处道。他自己的两个儿子，一个为浑，字玄冲；一个为深，字道冲。家诫书，就是王昶专门给子女写的劝诫的文章。

王昶的这篇《家诫书》，文如流水，一气呵成，开头有总论，结尾有总要求；说古论今，引经论典，举例之多，实属罕见；细致入微，有理有据，没有空乏的说教，仅孔子语录就用了三处。此文时至今日读起来仍感受益匪浅。当然，后世有学者认为，王昶身处魏、晋篡杀之际，而漠然无动于衷，于气节廉耻不顾，此文不足取；文中观念仅适用魏、晋之际，以此为全身远害之术，不具有普遍意义。笔者倒以为，王昶训导子侄，用心之良苦，实在是难能可贵，对此似本应无可指责。

　　细读王昶《家诫书》，大体上说了五层意思：一是"为子之道"，莫过三项。王昶写道："夫人为子之道，莫大于宝身全行，以显父母。此三者人知其善，而或危身破家，陷于灭亡之祸者，何也？由所祖习，非其道也。夫孝敬仁义，百行之首，行之而立，身之本也。孝敬则宗族安之，仁义则乡党重之，此行成于内，名著于外者矣。人若不笃于至行，而背本逐末，以陷浮华焉，以成朋党焉，浮华则有虚伪之累，朋党则有彼此之患。此二者之戒，昭然著明，而循覆车滋众，逐末弥甚，皆由惑当时之誉，昧目前之利故也。"就是说，为人之子，没有比珍惜身体、德行完全、显扬父母这三件事情更为可贵的了。人人都知道以上三项为最好，但有人不能免于伤身毁家，最后落个灭亡的境地，这又是什么原因呢？这就是他们做事不正确的缘故。要知孝顺、礼敬、仁爱、义理，是一切德行中最重要的，也是人立身于社会的根本。做人能孝顺，能礼敬，那么他同宗的人都能和他安心乐意地相处了。做人能讲仁爱和义理，那么他同乡的人，就都会敬重他了。这也就是内在的德行修成之后，名声自然显现的意思。如果一个人不真诚地去实践道德，专门做违反道德的事情，就会陷于浮华或者形成派系了。陷于浮华便有虚伪的拖累，形成派系便会有和别人互相倾轧的灾祸。这两种情况的教训,是很明显的,可是重蹈覆辙的人却很多,都是因为受到一时虚名的迷惑,不明白眼前的利益绝不长久的缘故。

二是富贵声名,取之有道。王昶写道:"夫富贵声名,人情所乐,而君子或得而不处,何也?恶不由其道耳。患人知进而不知退,知欲而不知足,故有困辱之累,悔吝之咎。语曰:'如不知足,则失所欲。'故知足之足常足矣。览往事之成败,察将来之吉凶,未有干名要利,欲而不厌,而能保世持家,永全福禄者也。欲使汝曹立身行己,遵儒者之教,履道家之言,故以玄、默、冲、虚为名,欲使汝曹顾名思义,不敢违越也。古者盘杅有铭,几杖有诫,俯仰察焉,用无过行;况在己名,可不戒之哉!夫物速成则疾亡,晚就则善终。朝华之草,夕而零落;松柏之茂,隆寒不衰。是以大雅君子恶速成,戒阙党也。"就是说,财富、地位和名誉,人人都喜爱,但是君子有时获得了也不愿意享有。他们认为,如果不是正当途径得来的,不仅不能接受,还要鄙视它。一般人就是因为只知道贪取不知道退避,只知道追求欲望不知道满足。所以,他们有危困受辱的痛苦,有引咎失败的灾难。孔子说:如果不知足的话,反而会失去自己所要的。所以,知足的人,就没有匮乏之感。我们观察过去的成败,也就可以预知将来的好坏了。在这世界上,只知贪求名利又能保全自家世代福禄不衰的人是没有的。我为了你们立身行事能遵行儒家的训导、道家的主张,用"玄、默、冲、虚"分别作你们的名字,目的就是让你们经常想到名字的意义,不做违背道理的事情。古人在盘杅上刻上铭文，在几杖上写上诫言，目的就是要经常警惕，更何况自己的名字本身就是教导，不是更能起到警戒的作用吗？事物如果成长过快，毁灭和损坏也就更快。事物如果成长慢些，就会有很好的结局。清晨开放的花朵傍晚就凋零了，但松柏在严寒的冬季里仍然绿油油的。要记住孔子的话，凡大雅之士都厌恶速成。

三是力戒骄傲，管住嘴巴。王昶写道："若范匄对秦客至武子击之，折其委笄，恶其掩人也。夫人有善，鲜不自伐；有能者，寡不自矜；伐则掩人，矜则陵人。掩人者，人亦掩之；陵人者，人亦陵之。故三郤为戮于晋，王叔负罪于周，不惟矜善自伐好争之咎乎？故君子不自称，非以让人，恶其盖人也。夫能屈以为伸，让以为得，弱以为疆，鲜不遂矣。夫毁誉爱恶之原，而祸福之机也。是以圣人慎之。孔子曰：'吾之于人，谁毁谁誉；如有所誉，必有所试。'又曰：'子贡方人，赐也贤乎哉，我则不暇。'以圣人之德，犹尚如此，况庸庸之徒，而轻毁誉哉？"王昶的这段话里引用好几个著名的典故。一个是范武子杖文子。范士会，史称范武子，春秋时晋国正卿，任上军之将，执政宰相，堪称是一代大贤。其子范文子很晚才退朝回家，武子问："为什么回来晚了？"文子说："有位秦国客人在朝上提些转弯抹角的问题，大夫们没有一个人能回答，我懂得其中的三个问题。"武子大怒说："大夫们不是不能回答，是对长老们的谦让。你这个年纪轻轻的孩子，却在朝中三次抢先说话，掩盖别人。如果我不在晋国，我们家早就败亡了。"说着就用手杖打文子，连玄冠上的簪子都打断了。这以后，范文子就特别注意，做到了谦虚礼让。范文子作为副元帅，随晋军主帅郤献子，带兵作战打了胜仗，范文子回国时最后进城。范武子问他为什么，范文子说："出征作战，郤献子是主帅，打了胜仗，如果我先回国，则怕国人的注意力在我这里，岂不夺了功，所以我不敢先回国。"范武子说："我知道你懂得怎样避免灾祸了。"裴注认为范文子是范燮，不是王昶所说的范匄，范匄是范文子之子。

一个是晋厉公除"三郤"，即郤锜、郤犨、郤至。郤锜为上军元帅，郤犨为上军副将，郤至为新军副将。据《史记·晋世家第九》载："五年，三郤谗伯宗，杀之。伯宗以好直谏得此祸，国人以是不附厉公。……公怒，曰：'季子欺予！'将诛三郤，未发也。郤锜欲攻公，曰：'我虽死，公亦病矣。'郤至曰：'信不反君，智不害民，勇不作乱。失此三者，谁与我？我死耳！'十二月壬午，公令胥童以兵八百人袭攻杀三郤。"按《史记》记载，三郤确实做过坏事，就是诬陷并害死伯宗，但最后被杀，还是晋厉公害怕三郤势力过大，受宠信的大夫胥童挑唆，怨恨三郤之一的郤至，而后杀掉三郤的。

一个是王叔得罪于天子。《左传·襄公十年》记载，周王的两个卿士，王叔陈生与伯舆发生了权力之争，周天子站在伯舆一边，王叔陈生一气之下就逃了出来。当时的诸侯霸主晋悼公派士匄加以调解，伯舆指控王叔陈生，把持朝政，处理政事全靠贿赂进行，滥用宠臣致使军官暴富。王叔陈生举不出任何反驳的理由和证据来，只好逃亡到了晋国。

一个是孔子论子贡。孔子说，我对哪一位表示过好坏的批评吗？如果我说过谁好，那就一定是被我慎重地考验的。子贡喜欢批评别人，难道你就是最好的人吗？我每天还忙着努力地修正我自己呢？王昶引用的这些事例和孔子言论，所讲的道理，究其渊源，应上溯到诸子之首唱的《鬻子》，即曾任周文王之师的鬻熊，回答文王所问，缉为《鬻子》一书，其中"撰吏五帝三王傅政乙第五"载："君子非人者，不出之于辞，而施之于行。"这里的"非人"，是指称人之恶。这句话的大意是，君子之所为，不在胜人之口，而在谋人之事。可见在上古，称人之恶为智者所深戒，正所谓"君子不攻人之恶""君子成人之美，不成人之恶"。王昶反复说明，人不能太露锋芒了，因为一般人如果有长处，一定会对别人炫耀，如果很能干，一定会表现得很骄傲。对人炫耀，就是使别人不能表现，显露骄傲，就必然会压制别人。那么，使别人不能表现，别人也不会让他表现，压制别人也会被别人所压制。爱表现自己的本事，骄傲抢功必然招来厄运。因此，君子绝不自己称颂自己，并不是凡事都要退让，而是怕阻碍了别人表现的机会。如果一个人能以委屈为伸张，以退让为获得，以弱小为强大的话，那么他要干的事情，就没有不成功的。批评别人就是惹来别人对我们好恶的根源，所以，圣人绝不轻易批评别人。更何况我们是普通人，怎么能随意批评别人呢？

四是听到批评，"默而自修"。王昶写道："昔伏波将军马援戒其兄子，言：'闻人之恶，当如闻父母之名；耳可得而闻口不可得而言也。'斯戒至矣。人或毁己，当退而求之于身。若己有可毁之行，则彼言当矣；若己无可毁之行，则彼言妄矣。当则无怨于彼，妄则无害于身，又何反报焉？且闻人毁己而忿者，恶丑声之加人也，人报者滋甚，不如默而自修己也。谚曰：'救寒莫如重裘，止谤莫如自修。'斯言信矣！若与是非之士，凶险之人，近犹不可，况与对校乎？其害深矣。夫虚伪之人，言不根道，行不顾言，其为浮浅，较可识别。而世人惑焉，犹不检之以言行也。近济阴魏讽、山阳曹伟皆以倾邪败没，荧惑当世，挟持奸慝，驱动后生。虽刑于鈇钺，大为烱戒，然所污染，固已众矣。可不慎与！"王昶首先引了马援的一句名言。东汉大将马援，官至伏波将军，最后病死军中。"马革裹尸"的成语更是人人皆知。马援针对两个兄子喜欢议论别人、交友不慎的毛病，在前线军中专门写了诫兄子书，大意是：我希望你们听说了别人的过失，像听见了父母的名字——耳朵可以听见，但嘴中不可以议论。喜欢议论别人的长处和短处，胡乱评论朝廷的法度，这些都是我最深恶痛绝的。我宁可死，也不希望自己的子孙有这种行为。你们知道我非常厌恶这种行径，所以我是一再强调的。就像女儿在出嫁前，父母一再告诫的一样，我希望你们牢牢记住。龙伯高这个人敦厚诚实，说出的话没有什么可以指责的。谦约节俭，待人又不失威严。我爱护他，敬重他，希望你们向他学习。杜季良这个人豪侠好义，有正义感，把别人的忧愁作为自己的忧愁，把别人的快乐作为自己的快乐。无论什么人都结交。他的父亲去世时，来了很多人。我爱护他，敬重他，但不希望你们向他学习。因为学习龙伯高不成功，还可以成为谨慎谦虚的人，所谓"刻鹄不成尚类鹜"。而一旦学习杜季良不成功，那你们就成了纨绔子弟，所谓"画虎不成反类犬"。到现今杜季良还不知晓，郡守将到任就怨恨他，百姓的意见很大。我常常为他寒心，这就是我不希望子孙向他学习的原因了。王昶接着又指出当代的两个人，即魏讽、曹伟，都是欲谋反而被镇压的，告诫子侄要引以为戒。魏讽，字子京，有口才，整个邺城为之倾动，被举为曹操的西曹掾。当曹操与刘备相持于汉中的时候，魏讽暗自结党营私，与长乐卫尉陈祎密谋袭取曹魏都城——邺城。后陈祎心中恐惧，向太子曹丕告密。曹丕一举诛杀魏讽及其同伙数十人。

《世说新语》记载："山阳曹伟，素有才名，闻吴称藩，以白衣与吴王交书求赂，欲以交结京师，帝闻而诛之。"王昶以这些事例说明，听到别人的批评，就要私下反省，如果真有别人批评的行为，别人的话就是对的，否则就是乱讲的。是对的，就不可以怨恨别人，是乱讲的，并不会伤害我们，何必一定要报复呢？听到别人的批评，最好保持沉默，要消除别人恶毒的攻击，最好的办法是加强自我修养。至于那些专门搬弄是非、阴险奸诈的人，我们就更不要和他们发生正面冲突了，危害太大，太不值得了。

五是举出榜样，要求有"十"。王昶说："若夫山林之士，夷、叔之伦，甘长饥于首阳，安赴火于绵山，虽可以激贪励俗，然圣人不可为，吾亦不愿也。今汝先人，世有冠冕，惟仁义为名，守慎为称，孝悌于闺门，务学于师友。吾与时人从事，虽出处不同，然各有所取。颍川郭伯益，好尚通达，敏而有知。其为人弘旷不足，轻贵有馀，得其人重之如山，不得其人忽之如草。吾以所知亲之昵之，不愿儿子为之。北海徐伟长，不治名高，不求苟得，澹然自守，惟道是务。其有所是非，则托古人以见其意，当时无所褒贬。吾敬之重之，愿儿子师之。东平刘公干，博学有高才，诚节有大意，然性行不均，少所拘忌，得失足以相辅，吾爱之重之，不愿儿子慕之。乐安任昭先，淳粹履道，内敏外恕，推逊恭让，处不避洿，怯而义勇，在朝忘身。吾友之善之，愿儿子遵之。若引而伸之，触类而长之，汝其庶几举一隅耳。及其用财先九族，其施舍务周急，其出入存故老，其论议贵无贬，其进仕尚忠节，其取人务道实，其处势戒骄淫，其贫贱慎无戚，其进退念合宜，其行事加九思，如此而已，吾复何忧哉！"王昶引用了伯夷、叔齐的典故。伯夷、叔齐，是商末孤竹国国君的两个儿子。其父遗命要立小儿子叔齐为继承人。孤竹君死后，叔齐让位给大哥伯夷，伯夷说："父亲的遗命是让你做国君啊。"于是伯夷逃走了。叔齐也不愿登位，听说姬昌善于收养贤士，于是叔齐也逃走了，两人先后都逃到了周国。姬昌死后，周武王姬发欲讨伐殷纣，伯夷、叔齐二人拦住马头，以父亲刚死就发动战争为不孝，臣子讨伐自己的君主为不仁，进行劝阻。周武王灭商后，天下人都接受周朝的统治，伯夷、叔齐却对做周朝的臣民感到耻辱，不吃周朝的粮食，隐居在首阳山，采摘蕨菜充饥，最后双双饿死在首阳山。伯夷、叔齐兄弟，不为王位相争反而相让，自古以来就广为人们传颂，对于谦恭揖让的民族传统的形成产生过影响。伯夷、叔齐独行其志，耻食周粟，饿死在首阳山，更被视为抱节守志的典范。伯夷、叔齐死后，见于文献记载的,最早赞美伯夷、叔齐的人就是孔子。孔子在《论语》中曾先后多次赞扬伯夷、叔齐:"古之贤人也。"司马迁在《史记》中说:"伯夷、叔齐虽有贤德,只有得到孔夫子的赞誉,他们的名声才得以显扬。"王昶赞扬了伯夷、叔齐,但同时说圣人的境界不是勉强可以做到的,我们的祖先,世世代代在朝为官,以仁义为唯一追求,以谨慎著称于世,在家恭行孝悌,在外勤学师友。最后提出了十点具体要求:动用钱财,应该以亲戚族人为重;施舍别人,应该照顾到最需要的人;外出或在家,要探访慰问故旧老人;发言议论,不要贬斥别人;当朝为官,要崇尚忠心尽职;交往朋友,要敬重正道实在的人;有权势时,要力戒骄傲放荡;贫贱之际,一定要坦坦荡荡;当面临进取和退守的关头,总要考虑是否合适;一切行事,要再三思考。王昶最后深情地说,如果你们能按我以上所说的去做,那么我还有什么可忧愁的呢?

由于王昶教子有方,子侄都很优秀。虽然王昶子王浑作为主将,灭吴之后,与另一主将王濬争功,频频告王濬的状,遭到时人讥讽,但他官至司徒,75岁得以善终。兄子王沈,本与高贵乡公甚密,却向司马氏告密,不忠于其主,也颇为众人非议,但趋附司马,何止王沈,也无可厚非。直至王昶的孙子辈,仍"世有高名"。

王昶教子侄,注重的是品行与素质,教的是怎样做人,即怎么做人,怎么做个好人,怎么当个好官,且要求非常具体明了,操作性实践性极强。现代人往往更加注重对子女知识的灌输与强化,这原本没有错,但是由此而忽略对子女如何做人方面的教育，就不大好了。有些家长似乎认为，如何做人，根本就不用教，随着年龄的增长，子女自然而然就学会了，也自然而然能成长为一个常人、好人。当然，父母对于子女如何做人，确实有个耳濡目染的作用，这是不用刻意去教的。但是，这不能完全解决问题，子女的健康成长，特别是要学会做人和做好人，还需要父母有意识地加以培养教育，放任自流和完全推给学校和社会，是不可取的。教育子女学会做人，教育子女学习知识，是同等重要的。当然，社会也要为家长提供些许帮助。

王修教子情意长

写王修之前，有必要先说一说他的孙子王裒。在国人孝道文化中占有重要位置的《二十四孝》，是元代郭居敬辑录的，其中第16个故事《闻雷泣墓》，说的就是王裒的事迹："魏王裒，事亲至孝。母存日，性怕雷，既卒，殡葬于山林。每遇风雨，闻阿香响震之声，即奔至墓所，拜跪泣告曰：'裒在此，母亲勿俱。''慈母怕闻雷，冰魂宿夜台。阿香时一震，到墓绕千回。'"即，王裒，魏晋时期人，其母在世时怕打雷，死后埋葬在山林中。每当风雨天气，听到雷声，他就跑到母亲坟前，跪拜安慰母亲说："裒儿在这里，母亲不要害怕。"再翻翻《晋书·孝友传》所载《王裒传》得知，王裒的祖父王修，字叔治，在魏国时是个名士。父亲王仪，高风亮节，文雅正直，曾做过司马昭的司马。司马昭指挥魏军攻打东吴的东关战役遭到惨败后，司马昭向众人说："战事的败北，谁应该承担罪责？"王仪回答说："责在元帅。"司马昭大怒说："司马想把罪过加在我身上吗？"于是让人把王仪拉出去斩首。王裒从小就具备良好的道德操行，据礼行事，相貌堂堂，声音清亮，谈吐文雅，性格刚正，交友谨慎，又博学多才，因痛恨父亲被无辜杀害，从不面向西面而坐，以示绝不做晋朝臣子的决心，一直隐居教授学生。朝廷多次征召他做官，都不去任职。他在父亲墓旁建草庐而居，每天经常到墓前跪拜。母亲生前怕听雷声，母亲死后，每次打雷时，王裒就到母亲的墓前说："我在此。"读《诗经·蓼莪》篇，每每读到"哀哀父母，生我劳悴"两句时，总是痛哭流涕。他的学生怕触及老师的思亲之情，干脆就不再读《蓼莪》这首诗了。后来京城洛阳的贼寇强盗蜂拥而起，人们纷纷移至江东避难，而王裒却因祖上的坟茔无法迁走不肯离去，等到盗贼越来越多想要走时，已经来不及了，终被强盗所害。

因《二十四孝》故事的广为流传，王裒的名气可谓不小。然而，这都要归功于王修的教子有方。如前所述，王修（字叔治）是魏朝的名士，陈寿将其与袁涣、管宁、邴原、田畴等道德高尚之士列为一传，并称"王修忠贞，足以矫俗"。即王修忠诚贞正，足以矫正世俗。可见评价是很高的。王修的长处很多，如先后任过高密、胶东、即墨的县令和魏郡太守，无论是打击强盗还是治理一方，都有可圈可点的政绩；担任别驾、司空掾、大司农郎中令等职，则出过不少从实际出发的好主意；也很会识人，对高柔、王基等人，都看得很准；还特别廉洁，在袁谭手下任职时，因袁谭政令松弛，当时掌权的官员，像审配等人大多肆意搜刮财物，曹操攻破南皮县，查看王修家，只有不足十斛即百斗的粮谷，再就是有几百卷书籍。以至曹操感叹"士不妄有名",即王修真不是妄得名声啊!细看《王修传》及《太平御览》《全上古三代秦汉三国六朝文》等典籍,王修除具有上述长处之外,另外还有两大突出特点:一是极度忠诚,二是教子有方。

王修的忠诚表现得也很特别,他对跟从什么样的主公似乎不怎么挑剔,大有随遇而安的劲头,只要跟上一个人,就对这个人忠诚到底。袁谭死后,王修曾哭着说:"没有您我该归附谁呢?"便是支持上述看法的有力证据。只知道与亲兄弟袁尚争高低的袁谭,是个什么层次的主公,相信熟悉三国历史的人,都会有个准确的看法。按说这样一个袁谭,不值得王修对其忠诚到底,但是王修愣对其绝对忠诚。王修先后侍奉过孔融、袁谭和曹操,对谁都忠心耿耿,甚至不惜以死赴难,而且都有"赴难之义"的事迹,都有主公对他的几乎相同的赞美之词。三个主公对王修也都是高度认可。整个《王修传》对此描述得淋漓尽致。这样的臣子,在动乱的三国是绝无仅有的,更多的人是择主而栖,或背主而降,甚至卖主求荣。

王修的第一个主公是孔融。王修是北海郡营陵县人,初平年间(192),孔子二十世孙、北海相孔融征召他任主簿,代理高密县令。后来王修又被孔融推举为孝廉,他欲让给邴原,孔融没有答应。因当时天下动乱,王修也没有到京城去。不久,郡中有谋反的人。王修听说孔融有难,连夜奔往孔融那里救援。叛贼刚刚起事时,孔融就对左右的人说:"能冒着危险前来相救的,只有王修罢了。"话音刚落,王修果然就赶到了。后来,孔融每次有了危难,王修即使在家里休假,也都马上赶来。孔融经常依仗王修而摆脱祸患。孔融于建安元年（196），被袁谭击败，妻子被袁军所虏，自己则败走东山，后被朝廷征为少府，最后于建安十二年（207）死在了曹操之手。《王修传》和《后汉书·孔融传》都没有记载王修对孔融遭到袁谭攻击时有何救援的举动，而王修自此以后又归顺了袁谭；也没有孔融死后，王修有何表现的任何记载，而王修此时恰恰正在曹氏营垒中，又是在孔融死后多年才去世的，完全有机会对孔融尽忠做点什么的。这多少给后人留下了，对王修是否至死都忠诚于孔融，有所怀疑的空间。也许王修在孔融遇难时不在都城，有着时空上的障碍，无法大义赴难。总之，从史料上已无所获。为孔融收尸的是脂习，字元升，为太医令。当时孔融死后，无人敢去收尸，元升却抚尸大哭，说："文举舍我而去，我还活着有什么意思？"曹操知道后大怒，欲捕杀脂习，后又将其释放了，还称赞他"元升，卿故慷慨"！赐拜为中散大夫。

　　王修跟从袁谭后，被征召为治中从事，后来又担任袁谭的别驾。袁绍死后，袁谭、袁尚之间发生矛盾，袁尚攻打袁谭，袁谭的军队战败，王修带领官吏百姓前去救援袁谭。袁谭高兴地说："保全我军的人，是王别驾。"袁谭打不过袁尚，向曹操请求救援。曹操攻占冀州以后，袁谭又背叛了曹操。曹操于是带领军队在南皮攻打袁谭。王修当时在乐安运送粮食，听说袁谭情况危急，带着所统领的兵马和各从事数十人赶赴袁谭那里。到达高密时，听说袁谭死了，王修下马大声哭着说："没有您我该归附谁呢？"于是去见曹操，请求收殓埋葬袁谭的尸体。曹操想观察王修的心意，默不作声。王修又说："我蒙受袁氏的深厚恩情，如果能收殓袁谭的尸体，然后被杀，我没有什么遗憾的。"曹操称赞他的义气，同意了他的要求。而《王修传》中裴松之注引"傅子"载，则是另一种说法："太祖既诛袁谭，枭其首，令曰：'敢哭之者，戮及妻、子！'于是王叔治、田子泰（田畴）相谓曰：'生受辟命，亡而不哭，非义也。畏死忘义，何以立世？'遂造其首而哭之，哀动三军。军正白行其戮，太祖曰：'义士也。'赦之。"以上这两种版本，尽管细节略有不同，但都对王修为袁谭之死痛哭并收尸，做了肯定。

王修归顺曹操后，先是受命督运军粮，后又担任司空掾，代理司金中郎将，升任魏郡太守。魏国建立后，王修任大司农郎中令，很快又升为奉尚。后来严才反叛，和他的部属数十人攻打宫廷两侧的旁门。王修听说发生事变，召集的车马还没到达，便带领下属的官吏步行到宫门。曹操在铜雀台上远远望见了他们，说："来的人一定是王叔治。"相国钟繇对王修说："过去，京城有了变故，九卿各自守在自己的府宅里。"王修说："吃着朝廷的俸禄，怎么能躲避祸难呢？守在府宅里虽然是旧例，但不是为国赴难的道理。"《水经注》对此事也大加赞美。该书《浊漳水》载，铜雀台"亦魏武望奉常王叔治之处也。昔严才与其属攻掖门，修闻变，车马未至，便将官属步至宫门，太祖在铜雀台望见之曰：彼来者必王叔治也"。

至于王修是如何教子的，《王修传》及裴松之的注引，并没有太多的记载，只是说王修的儿子王忠，官做到东莱太守、散骑常侍。另一个儿子王仪，为司马昭的司马，因正直直言，被司马昭所杀。王修之孙、王仪的儿子王裒，道德高尚，行为举止皆符合礼数，其父被杀后拒绝出仕，尤其是恪守孝道让人赞不绝口，因此声名大噪，为《二十四孝》人物之一。但从清代严可均《全上古三代秦汉三国六朝文·全后汉文》载，王修的《诫子书》，却可以看出王修教子那真是煞费苦心，颇下一番功夫。《太平御览》《艺文类聚》也选编了王修的《诫子书》。王修在《诫子书》中写道："自汝行之后，恨恨不乐，何者？我实老矣，所恃汝等也，皆不在目前，意遑遑也。人之居世，忽去便过。日月可爱也！故禹不爱尺璧，而爱寸阴。时过不可还，若年大不可少也。欲汝早之，未必读书，并学作人。汝今逾郡县，越山河，离兄弟，去妻子者，欲令见举动之宜，效高人远节，闻一得三，志在善人。左右不可不慎，善否之要，在此际也。行止与人，务在饶之。言思乃出，行详乃动，皆用情实道理，违斯败矣。父欲令子善，唯不能杀身，其余无惜也。"

即：自从你走了以后，我闷闷不乐，为什么呢？因为我确实老了，所依靠的就是你们了，但你们都不在跟前，使我很不安。人生在世，很容易过去。所以时间非常宝贵。大禹不爱直径一尺的玉璧而爱很短的光阴，是因为时间一过就不会回来，如同年纪大了不能变为少年一样。盼望你早有作为，不光是要读好书，并且要学做人。你如今离乡背井，跋山涉水，离别弟弟，抛妻离子，是想看到你会做人行事，学习高士的远大节操，听到一就能得到三，立志做一个有道德的人。你时时不可不慎重啊！善与不善的关键，就在这里了。你的行为举止，对于别人，总要宽容为好。说话要经过思考才出口，行事要经过周密考察才能做，说话做事都要合情合理，违背这些就会失败。父亲想使儿子成才、向善，除了不能牺牲自己生命以外，其余都在所不惜。

　　王修的这篇《诫子书》，从至亲至爱的血缘亲情出发，体现了对生命的尊重和珍爱，对家族长远利益的由衷期待，字字句句发自肺腑，着实令人感动。从直观上看，有两点值得肯定和借鉴：一是要珍惜光阴。因为时间难得，失了就不可复得，正如人的年纪大了不能再变年轻一样。所以自古就有"一寸光阴一寸金，寸金难买寸光阴"的箴言。二是不但要读书，而且要向善、要会做人，像其中"欲令见举动之宜，效高人远节""言思乃出，行详乃动"，等等，正是如何做人的道理，且二者不可偏废。无论时代如何发展，教育培养孩子德才兼备、求真向善都是作为家长应追求的终极目标。更深层次的还有作为父辈，那种渴望子女成人成才的期待之情，为子女成才成人，除了不能牺牲生命，其他都在所不辞的无私奉献精神，目的只有一个，那就是希望子女们完成父辈尚未实现的"修身齐家治国平天下"的人生远大理想。可以说，王修足以成为今天父辈们教子效法的榜样。常读王修的《诫子书》，扪心自问作为父辈的自己，又做得如何呢？

秉公绝私藉"五德"

"王翱还珠",即王翱卸任辽东提督,返还京都时,有一同事官吏馈赠数颗明珠,王翱固辞不受。那名官吏说:"明珠是先朝皇上所赐,你莫不是以为是赃物而拒绝我吧。"王翱不得已,"纳而藏焉"。后来那个官吏死了,王翱又把明珠如数还给了他的儿子。这个经典的拒贿故事,因屡屡见诸各类媒体,人们对此都很熟悉。其实,王翱是明代的重臣,历经七朝,辅佐过6位皇帝,仅吏部尚书一职就干了近20年。《明史·王翱传》称其秉公绝私,"正直刚方""名德老成"。明英宗的首辅李贤还说:"皋陶言九德,王公有其五:乱而敬,扰而毅,简而廉,刚而塞,强而义也。"王翱正是凭借着这五德,为官才做到了秉公绝私。

所谓皋陶言九德,出自《尚书·皋陶谟》,主要记述了皋陶与禹,讨论如何实行德政治理国家的言论。原文为:皋陶曰:"都!亦行有九德。亦言其人有德,乃言曰:'载采采。'"禹曰:"何?"皋陶曰:"宽而栗,柔而立,愿而恭,乱而敬,扰而毅，直而温，简而廉，刚而塞，强而义。彰厥有常，吉哉。！"说的是，皋陶说："啊！大凡有善良行为，都来源于九种美德。"禹说："什么是九德呢？"皋陶解释说："既恢宏大度又小心谨慎，既柔和温文又特立独行，既忠厚诚实又严恭庄肃，既卓有才识又敬业守勤，既柔顺驯服又刚毅果决，既正直耿介又温和可亲，既简大豪放又廉约严谨，既刚正坦荡又谦谨求实，既强雄豪迈又仁义善良。应当表彰那些有常德的贤人，这可是一件很大的善政啊！"皋陶还说，公卿、诸侯和天子，要按照具有三、六、九德的标准严格要求自己。

李贤称王翱具有"五德"，评价可谓不低。细数一下王翱的"五德"，还是颇有启示的。首先是"乱而敬"，既才高又敬业。王翱在吏部任职时，公事之余总是住在官衙之中，不是过年过节拜谒祖先祠堂，就不回到宅第，以谢绝别人的私访请托。而每次选用官员，有时正赶上王翱被皇上召见，由侍郎代为挑选，他回来后仍要到官署逐一查看所选的对象，唯恐有不当之人混入其中。王翱推荐人才还从不让人家知晓，他说："吏部岂快恩怨地耶！"即吏部不是个讨好人、惹人欢心之地！

其次是"扰而毅"，既正直又温和。吏部主事曹恂升为江西参议，后因患病擅自回京。王翱命他以主事之衔回原籍。曹恂很愤怒，趁王翱入朝时，揪住王翱的胸部，打他耳光，并大声辱骂。此事传到明英宗那儿，英宗下令把曹恂关进牢狱。王翱上书说曹恂确实有病，训斥一番就可以了。曹恂才得以免去牢狱之灾。人们都钦佩王翱的度量。

三是"简而廉"，既简率又清廉。王翱的生活非常俭朴。

连明代宗都知道他贫穷，特意为他在盐山建了宅第。王翱的女婿贾杰在京外为官，王翱的夫人想女儿就得出京接回，往来劳顿很是麻烦，贾杰便说："岳父掌管选官大权，把我调到京师，易如反掌，何必这么麻烦。"王翱夫人找机会吹枕边风时，王翱大怒，把书案一推，还打伤了夫人的脸部。贾杰始终没能调回京师。王翱的孙子因他的功勋而入太学读书，王翱却不许他去参加科举考试，理由是"勿妨寒士路"。

四是"刚而塞"，既刚正又谦谨。王翱年近 80 岁，记忆力已经很差了，而皇上又时常把他召到便殿议事。王翱便让令郎官谈伦随他入宫，皇上问是什么原因，王翱叩头说："臣老了，怕圣谕有所遗误，所以令这个郎官全记下来，此人诚实谨慎，是可以信任的。"皇上听了非常高兴。

五是"强而义"，既强直又仁义。王翱任辽东右副都御史时，指挥孙璟鞭杀一名戍卒，戍卒的妻子和女儿也都哭死了。别的士卒便状告孙璟杀死了一家三口。王翱说："戍卒因违法而死，妻子为丈夫而死，女儿因父亲而死，不是被杀死的。"命孙璟为戍卒家赔偿埋葬费，孙璟很感动，戍卒们的怨气也得以平息。后来孙璟升任辽东参将，成为勇敢杀敌的一员名将。

王翱以"五德"为支撑，做了一辈子的清官好官，死后被谥号"忠肃"。看来，为官必须有德，包括对人民群众的敬畏和内心深处的自律，德越厚越高，官才能当得够格，当得好。历史发展到了今天，各级领导干部仍然要厚德载官。否则，官大而少德、无德，甚至缺德，早晚是要栽跟头的。那些因贪腐落马的大小老虎、苍蝇，究其道德水准，无一不是低得可怜受篇幅所限，今天姑且不去泛论领导干部应具备哪些方面的道德，从古至今的圣贤和领袖，对此论述得太多太多了，而毛泽东说的最简洁：共产党员最大的道德就是为人民服务。因王翱长期担任吏部尚书即"组织部长"，其优秀品德主要体现在选贤任能上，凝聚在那句"吏部岂快恩怨地耶"的铿锵话语上，就掰扯几句与此有关的话题吧。看看当今个别负有这方面责任的人，又干得如何？他们往往看不到别人的长处和优点，起码是优点看得不够、不全，一有个合适的位子，就来个"毛遂自荐"，近水楼台先得月，自己抢前往上走一步再说，生怕影响了以后的进步和提拔。他们还往往为预提对象通风报信，表白自己为其提拔如何卖力使劲，以捞取这些人的好感直至贿赂。他们往往对最后没能提拔使用的对象，也竭尽讨好之能，把责任都推给领导或党委，撇清漂白自身，把自己总是打扮成活菩萨一样。更有甚者，他们往往还在相关领导和预提对象之间充当皮条客，为行贿者受贿者搭桥牵线，对买官卖官之风推波助澜。

党的十八大以来，在反腐力度空前加大的情势下，上述现象理所当然地得到了整治，那些隐藏在各级"吏部"的坏蛋正在被揪出查办。愿各级都要从严挑选管人的干部，挑选那些德高才大的人士，为党和国家掌管好选才用人大权，使中国梦的实现，有层出不穷的为人民的好干部以为接续。

永久奋斗不停歇

　　永远奋斗，源自于中华民族五千多年漫长奋斗历史的优秀传统。寓言故事《愚公移山》，传递的是愚公面对困难顽强奋斗、不懈奋斗的信念。唐代李商隐"春蚕到死丝方尽，蜡炬成灰泪始干"的诗句，讲述的是奋斗到最后一刻方才停止的精神。而诸葛亮"鞠躬尽瘁，死而后已"的誓言，更是直截了当地标出奋斗的截止日期，那就是身死之时。诸葛亮，用他几尽完美的行为，向人们诠释了什么叫作"奋斗到死方停歇"。

　　诸葛亮自刘备白帝城托孤以来，立志"讨灭汉贼匡扶汉室"，亲率大军平定南方之乱，六出祁山征伐魏国，屡屡重创敌军，数万大军来去自若，斗志昂扬意气风发，大有饮马河洛之志。而数倍于蜀军的强敌，却只有招架之功无还手之力。如此意志坚定，忠诚谨慎，连年征战，奋斗不息，诸葛亮都是在实现着自己的治国理想。直至身抱重病，仍在中军大帐，筹划指挥作战，最后灯灭人死，以身报国，兑现了那句"鞠躬尽瘁，死而后已"的承诺。更为后世的人们留下了无尽的遗憾。

可喜的是,"鞠躬尽瘁,死而后已",过去、今天和将来,永远都是有志之士的政治"圣经"和一生的追求。

毛泽东念念不忘诸葛亮"鞠躬尽瘁,死而后已"的名言,经常用这八个字,来称赞他人和约束自己。如"一切共产党员,一切革命家,一切革命的文艺工作者,都应该学鲁迅的榜样,做无产阶级和人民大众的'牛',鞠躬尽瘁,死而后已"。[①]如"热爱人民,真诚地为人民服务,鞠躬尽瘁,死而后已,这就是邹韬奋先生的精神,这就是他之所以感动人的地方"。[②]如"我也要鞠躬尽瘁,死而后已呢!"[③]毛泽东之所以如此,除了对诸葛亮的理政和品德非常推崇外,可能是缘于诸葛亮"鞠躬尽瘁,死而后已"的精神,非常契合自己所倡导的"永久奋斗"思想。早在1939年5月30日,毛泽东在西北青年救国会举行的模范青年授奖大会上,就做过题为"永久奋斗"的报告,指出:"中国的青年运动有很好的革命传统,这个传统就是'永久奋斗'。我们共产党是继承这个传统的,现在传下来了,以后更要继续传下去。""永久奋斗,就是要奋斗到死。"[④]可以说,"永久奋斗"的思想,激励了一代又一代的共产党人,为着人民的解放事业和建设事业而不懈奋斗。

[①]《毛泽东选集》第三卷,人民出版社,1991年6月第二版,第877页。
[②]《毛泽东年谱》,人民出版社、中央文献出版社,1993年12月第一版,第538页。
[③] 邱延生:《历史的真言——李银桥在毛泽东身边工作纪实》,新华出版社,2000年7月第一版,第741页。
[④]《毛泽东文集》第二卷,人民出版社,1993年版,第190-191页。

进入新时代，仍然要奋斗，永久奋斗下去，这是不言而喻的。因为实现中国梦的伟大事业，还需要共产党人团结和带领全国人民，继续拼搏奋斗。正所谓：目标已经锁定，同志仍需努力！习近平在 2018 年春节团拜会上的讲话中指出："我们要坚持把人民对美好生活的向往作为我们的奋斗目标，始终为人民不懈奋斗、同人民一起奋斗，切实把奋斗精神贯彻到进行伟大斗争、建设伟大工程、推进伟大事业、实现伟大梦想全过程，形成竞相奋斗、团结奋斗的生动局面。"作为一名共产党员，一名领导干部，任何时候都不要忘记党章关于"为实现共产主义奋斗终身"的规定，在职在位时，要心系民众清廉干净，要实事求是踏实苦干，要吃苦在前享受在后；退休退职后，仍要严格要求自己，摆正位子尽其所能，为社会再作贡献，增添些许正能量。真正做到毛泽东要求的那样要奋斗五十年，甚至到六十年、七十年，总之一句话，要奋斗到死。[①]

[①] 参考《毛泽东文集》第二卷，人民出版社，1993 年版，第 190-191 页。

古人苦学的标志性形象集锦

"程门立雪"这个成语,可能尽人皆知吧。据《宋史·杨时传》载,杨时"潜心经史"。"一日见颐,颐偶瞑坐,时与游酢侍立不去,颐既觉,则门外雪深一尺矣。"即有一天,杨时和游酢前来拜见程颐,在窗外看到老师在屋里打坐。他俩不忍心惊扰老师,便站在门外等他醒来。可天上却下起了大雪,且越下越大,杨时和游酢仍一直站在雪中。等程颐醒来时,门外积雪已有一尺厚了,杨时和游酢才得以踏进程颐的屋内讨教。罗大经《鹤林玉露》还记载,南宋名臣胡铨,一次去拜见杨时,杨时举起自己的两肘对胡铨说:"我这两条胳膊30年没有离开过读书的几案,在道德学问方面才有所进步,取得了一定的成绩。"后来,杨时成为天下闻名的大学者。杨时程门立雪,诚心讨教,被传为佳话,流传千古。

姑且把杨时"程门立雪"的行为,当作刻苦读书学习的一种标志性形象。这类标志性形象,在古代那些著名的学者身上,好像都存在,只是有的表现为行为,有的表现为语言,形式有所不同罢了。可以说，古人的种种刻苦学习的标志性形象，已经成为中华文明与文化血脉的组成部分，更是激励一代又一代的学子，不辞辛苦勤奋攻读的不竭动力。笔者粗翻典籍，挑选了几个供读者欣赏。

仅《魏书·李谧传》里面，就罗列了三四个这样的标志性形象。李谧"每曰：丈夫拥书万卷，何假南面百城"。"隆冬达曙，盛暑通宵。虽仲舒不窥园，君伯之闭户，高氏之遗漂，张生之忘食，方之斯人，未足为喻。"说的是北魏逸士李谧，家中藏书极多，他常说，只要拥有1万卷书，何必去做封有百城的王侯。"拥书百城"就是李谧的标志性形象，此语后来也演变为成语。而"仲舒不窥园，君伯之闭户，高氏之遗漂"，则说的是另外三个大儒。《汉书·董仲舒传》载，董仲舒"少治《春秋》，孝景时为博士"。"盖三年不窥园，其精如此。"即董仲舒年少读书刻苦，书房紧靠着繁花似锦的花园，但他3年没有进过一次花园。《后汉书·魏应传》载，魏应，字君伯，"少好学"。"闭门诵习，不交僚党，京师称之。"《后汉书·高凤传》载，高凤"专精诵读，昼夜不息。妻尝之田，曝麦于庭，令凤护鸡。时天暴雨，而凤持竿诵经，不觉潦水流麦。妻还怪问，凤方悟之。其后遂为名儒"。即东汉隐士高凤，其妻子让他看护所晒的麦子，突降暴雨，高凤竟读书而不觉，麦子都被雨水冲走了。

"常为人佣书"，则说的是阚泽。《三国志·阚泽传》载，阚泽家里很贫穷，从小"常为人佣书"，即常常受人雇佣抄书，来换取自己学习用纸笔的费用。他抄书时便用心诵读，还经常找老师请教。就这样，他遍读群书，还通晓天文历法，名声渐渐显赫起来。被誉为"阚生矫杰，盖蜀之扬雄""阚子儒术德行，亦今之仲舒也"。尤其是阚泽"以儒学勤劳，封都乡侯"。即因为对儒家学问的辛勤研究，虽无尺寸战功，却被封为都乡侯，给人印象深刻。这恐怕在兵荒马乱、诸侯割据，特别看重文治武功的年代里，是绝无仅有的。《阚泽传》裴松之注引《吴录》还记载阚泽的一件逸事。魏文帝曹丕即位时，孙权认为曹丕正值盛年，非己所能比，甚是忧心，问："诸卿以为何如？"群臣竟一时无言以对。阚泽说，曹丕不会活过10年，大王不用为此而忧愁。孙权说："何以知之？"阚泽又说："以字言之，不十为丕，此其数也。"《吴录》没有记载孙权听后的态度，估计是挺满意的。果然，曹丕在位7年就死掉了，让阚泽给说了个正着。究竟阚泽是以"兼通历数"为曹丕算出来的，还是随口道来以解孙权之忧，已不得而知，但阚泽善说、机敏、幽默，给人的印象太深了。正所谓：能说会说、聪明机智，源于渊博的学识。

"左传癖"，是晋代杜预的自嘲语。《晋书·杜预传》载："时王济解相马，又甚爱之，而和峤颇聚敛，预常称'济有马癖，峤有钱癖'。武帝闻之，谓预曰：'卿有何癖？'对曰：'臣有《左传》癖。'"说的是，在群臣中，王济爱马，和峤敛财，杜预嘲讽说："王济有马癖，和峤有钱癖。"晋武帝司马炎问杜预有何癖，杜预回答说："臣有《左传》癖。"杜预伐吴立功后，从容无事，便一头扎到《左传》里，埋头啃书本去了，一门心思为《春秋·左氏经传》作集解。杜预的《春秋·左氏经传集解》，是《左传》注解流传至今最早的一种版本。清代时收入《十三经注疏》中的《春秋·左传正义》六十卷，就是杜预的"集解"与唐代孔颖达的"正义"之合集。

"坐下著足处，两砖皆穿。"这一形象，说的是明代曹端。《明史·曹端传》载，曹端"笃志研究，坐下著足处，两砖皆穿"。即专心致志地研究学问，座椅下放脚的地方，两块砖都被鞋底磨穿了。曹端还首倡为政要做到"公廉"。本传载："知府郭晟问为政，端曰：'其公廉乎。公则民不敢谩，廉则吏不敢欺。'晟拜受。"即知府郭晟向他请教处理政事的方法，曹端说："也许是公和廉吧，做到公平、公正那么百姓就不敢不敬了，做到廉洁那么官吏就不敢欺瞒了。"郭晟拜谢欣然接受。有学者著文讲，在曹端之后的百余年，明代洪应明在《菜根谭》中，才提出了"公生明，廉生威"的论断。"公廉"两字，在明、清两代都被视为最重要的官箴之一。

罗大经《鹤林玉露》也记载一个曹端似的事例："张无垢谪横浦，寓城西宝界寺。其寝室有短窗，每日昧爽，辄执书立窗下就明而读，如是者十四年。洎北归，窗下石上，双趺之迹隐然，至今犹存。"即著名大臣张九成因反对秦桧，被贬到广东的横浦，他住在城西的宝界寺，在他的卧室里有一个狭小的窗户，他每天当天刚刚放亮，就捧着书站在窗下就着微弱的光线读书，就这样坚持了14年。等到秦桧死后，他被重新起用动身北归的时候，窗下的石头地上，磨出了两个隐约可见的脚印，直到现在还保存着。

"对圣贤语"，不亦乐乎！出自《明史·孙交传》。"清慎恬恿,终始一致。初在南京,僚友以事简多暇,相率谈谐饮弈为乐,交默处一室,读书不辍。或以为言,交曰:'对圣贤语,不愈于宾客、妻妾乎?'"即孙交清静自守,忠实严谨,自始至终,操行一致。当初在南京做官时,僚友们因为事少闲暇,常在一起谈笑、饮酒、下棋,孙交则独处一室,不停地读书。有人劝说他玩一玩,他说,与圣贤对话,不是比陪着宾客、妻妾更好吗?

"滚滚长江东逝水,浪花淘尽英雄。是非成败转头空。青山依旧在,几度夕阳红。白发渔樵江渚上,惯看秋月春风。一壶浊酒喜相逢。古今多少事,都付笑谈中。"写出这首傲岸沉雄、气逼山河的《临江仙》的杨慎常说:"日新德业,当自学问中来。"据《明史·杨慎传》记载:"既投荒多暇,书无所不览。尝语人曰:'资性不足恃。日新德业,当自学问中来。'故好学穷理,老而弥笃。""明世记诵之博,著作之富,推慎为第一。"即杨慎说,个人的天生资质不值得依靠,要想德行与功业每天都有所进步,应该从学习中得来。所以他酷爱学习,穷尽文理,到老年学习更加刻苦。明代背诵之广博,著作之丰富,当推杨慎第一。

书斋曰"七录"。《明史·张溥传》载:"溥幼嗜学,所读书必手钞,钞已朗读一过,即焚之,又钞,如是者六七始已。右手握管处,指掌成茧。冬日手皲日沃汤数次,后名读书之斋曰'七录'……溥诗文敏捷。四方征索者,不起草,对客挥毫,俄顷立就,故名高一时。"即张溥自幼好学,所读之书必亲手抄写,抄完朗读一遍,立即烧掉,然后再抄写,直到六七遍才停止，右手握笔的指头手掌都磨起了茧，冬天手冻裂，每天用热水烫数次。所以他读书的书斋叫作"七录"。张溥写诗撰文非常敏捷，四面八方的人来求他的诗文，他不打草稿，当即挥笔洒毫。因此他的名声高出当时的人。

　　古代学者刻苦攻读的标志性形象，真是多得不胜枚举，它将永远存在于中华传统文化之中，存在于一代又一代的中华儿女的心中。人们只要头脑中闪现出这些光辉形象来，那些著名学者的求学历程以及他们对中华民族的巨大贡献，就会完整地再现出来；满满的文化自信与自豪，就会油然而生；以先贤们为榜样，学习攻读的劲头，就会更足更持久。

巧藉亮光苦读书

"凿壁借光"的故事尽人皆知。《西京杂记·卷二》载，匡衡"勤学而无烛，邻舍有烛而不逮，衡乃穿壁引其光，以书映光而读之"。即匡衡勤奋好学，但家中没有蜡烛照明。邻居有灯烛，但光亮照不到他家。匡衡就把墙壁凿了一个洞引来邻居家的光亮，让光亮照在书上来读。

古代像匡衡这样酷爱读书之人，读起书来，往往都是手不释卷，不舍昼夜，潜心攻读。然而，每当夜幕降临光线暗淡之时，对于那些点不起蜡烛与油灯的穷苦读书人来说，确是一大难题。然而这些却难不倒笃志嗜学的学子们。史书中记载了不少巧借各种亮光，读书不辍的典故，无不给今人以启迪。

成语"孙康映雪"，说的是晋代起部郎中孙康借雪光读书的故事。《南史·范云传》的卷尾记载，孙伯翳"父（孙）康，起部郎，贫尝映雪读书，清介，交游不杂"。即孙康自幼聪敏好学，但是家中很贫穷，夜晚根本点不起油灯，他便经常在下雪天，借助雪的反光来看书。

"车胤囊萤"则是利用小虫来发光以供读书。《晋书·车胤传》载:"胤恭勤不倦,博学多通。家贫不常得油,夏月则练囊盛数十萤火以照书,以夜继日焉。"即车胤勤奋好学,从不厌倦,知识广博。他家里贫穷,常常没有钱买灯油。到了夏天,他捉几十只萤火虫,把它装进白绸做的袋子里,用来照明,夜以继日地读书。

"江泌追月"讲的是南北朝时期江泌借月光苦读的事。《南史·江泌传》载:"泌少贫,昼日斫屐为业,夜读书随月光,光斜则握卷升屋,睡极堕地则更登。"即江泌因家中贫寒,白天靠制造木屐为业,夜晚变换位置追随着月光读书,在屋内借不到月光了,就跑到屋外来,还常常爬上屋顶,追着月光看书,有时瞌睡到了极点,竟从屋顶上跌到地上,就再爬上去继续看书。

这些学者之所以能做到如此,主要的当然是他们立志笃学,坚定不移,不改初心,横下一条心,就是要学深学透学出名堂来,不达目的誓不罢休。其次是他们善于因地制宜,没有条件创造条件,没有光亮就向大自然索要光亮,利用一切可以利用的资源来为自己的读书服务。仅这些就足以令今人叹为观止。今非昔比,面对当下一应俱全的学习和读书的环境与条件,能不下大气力来读书,来学习吗?

诸葛亮子孙皆英烈

邓小平说过:"刘备是儿子坏,孙子好;诸葛亮是三代都好。"既赞扬了诸葛亮满门英烈,又对他教育子女的方法给予了高度评价。

诸葛乔是诸葛瑾过继给诸葛亮的儿子,年仅25岁就死于汉中军旅中。

诸葛瞻是诸葛亮老年才得到的,又是唯一的亲生儿子,官至军师将军、平尚书事,是蜀汉后期的主要辅政者之一。他与自己的儿子、诸葛亮的孙子诸葛尚,在抵御魏军进攻时,一同殉国而亡。263年,魏国邓艾率军偷渡阴平,突至涪城。诸葛瞻率军迎战。邓艾派使者给诸葛瞻送了一封信,称:"你如果投降,我就上表封你为琅玡王。"诸葛瞻看完勃然大怒,撕碎书信,斩杀来使,与邓艾交战,被打得大败。他在阵前战死,年仅37岁。诸葛尚见父亲战死,叹曰:"父子荷国重恩,不早斩黄皓,以致倾败,用生何为!"后冲入魏军战死,时年不到20岁。邓艾也为这对父子的忠义所感动,将他们合葬。今天,四川绵竹还保留有祭奠诸葛瞻父子的"双忠祠"。

诸葛瞻的另一个儿子诸葛京，因为年纪小不够从军年龄，得以存活，264年被迁徙至洛阳，后凭自身本事，任陕西郿县县令。诸葛亮第一次北伐，让赵云、邓芝虚张声势，扬言由斜谷取郿县。以后多次北伐，始终没有得到郿县。诸葛京当这里的县令，干得还很好，又升为江州刺史。看来，历史有时还真会捉弄人。

诸葛亮子孙的这种表现，给诸葛家再添荣誉，这完全是其教子有方的结果。淡泊明志、宁静致远，这流传千古的名言，就是诸葛亮教子的核心内容，对今天乃至今后，还很有影响。诸葛亮对子女的教育，也是他崇高德行的组成部分。他的一生，功业是其次，德行是首位。他认为，功业是过眼云烟，唯有德行可以长久，可以与日月争辉。后世的人念念不忘诸葛亮，也是因为他的德行。

从大小两方面入手进行教育启发，大到道德修养、学习事业，小到待人接物、喝酒饮茶，诸葛亮都有说教，对子女的教育可谓周到、全面、系统、严谨。诸葛亮撰有《诫子书》《又诫子书》《诫外甥书》，来教育后代，教导他们不可以放纵、轻浮、急躁，要学习，要俭朴。《诫子书》称："夫君子之行，静以修身，俭以养德，非淡泊无以明志，非宁静无以致远。夫学须静也，才须学也，非学无以广才，非志无以成学。"《又诫子书》称：筵席上酒的设置，在于合符礼节、表达情意，适应身体和性格的需要，礼节尽到了就该退席，这就达到了和谐。主人的情意还没有表达完，客人也还有余量，可以喝醉，但也

"淡泊明志"匾额

不能醉到丧失理智而胡乱来的地步。《诫外甥书》写道:"夫志当存高远,慕先贤,绝情欲,弃凝滞,使庶几之志,揭然有所存,恻然有所感;忍屈伸,去细碎,广咨问,除嫌吝,虽有淹留,何损于美趣,何患于不济。若志不强毅,意不慷慨,徒碌碌滞于俗,默默束于情,永窜伏于凡庸,不免于小流矣!"大体意思是,志向应当建立在远大的目标上,敬仰和效法古代的圣人,弃绝私情杂欲,撇开牵掣障碍,使几乎接近圣贤的那种高尚志向,在你身上明白地体现出来,使你内心震动、心领神会。要能够适应顺利和曲折等不同境遇的考验,摆脱细小事物的纠缠,广泛地向人请教,根除自己怨天尤人的情绪。做到这些以后,虽然也有可能在事业上暂时停步不前,但不会损害自己高尚的情趣,不用担心事业不成功。倘若志向不够坚定,思想境界不够开阔,只是碌碌无为地陷于世俗事务中无声无息被欲念困扰,永远混杂在平凡的人群中,难免不会变成没有教养、没有出息的人。

诸葛亮对子女从行动上严格要求。诸葛乔,是诸葛瑾的次子。诸葛亮起初没有子女,请求诸葛瑾将诸葛乔过继给他。诸葛瑾禀报孙权同意后,让诸葛乔西入蜀国,诸葛亮以诸葛乔为自己的嫡长子,改原来字仲慎为伯松,授官为驸马都尉,跟随他一起赴汉中。诸葛亮让诸葛乔和其他将领的子弟一样,率领一部分兵卒,在崇山峻岭中,历经艰辛,冒着风险,押解转运军需物资。诸葛亮为此还专门给诸葛瑾写信,做以解释:"诸葛乔按理可以回到成都,但是现在诸将子弟都在转运军中物资,大家应该同甘苦共荣辱,所以我命令他领五六百军士,与诸将子弟一同在山谷中押运物资。"228年春,诸葛亮第一次伐魏。也就在这一年,诸葛乔年仅25岁,就死了。诸葛乔是病死,还是为护粮而战死,史书上没有说。分析起来,战死的可能性大,因为如果诸葛乔身体不好,或有病很重,诸葛亮即使再出于"同甘苦共荣辱"的考虑,也不会让其到前线去,完全可以让他干点别的事情,因为诸葛亮只有这么一个子女;另外,街亭之仗蜀军败得很惨,魏军追杀很凶,诸葛乔领兵押运粮草,极有可能与魏军遭遇,因此有可能战死。诸葛乔无论是病死,还是战死,反正是死于汉中的军旅之中。看来,蜀汉只有皇帝刘禅的子女,是可以不上前线,不去打仗的,其余的官吏,是不可以让子女养尊处优的,诸葛亮是丞相,处在官吏的最高位,尚且如此,何况他人了?

诸葛亮还尽量让子女接触贤士能人,以收到"近朱者赤"

的效果。蜀汉后期的忠臣霍弋,品格高尚,能文能武,刘备在时任太子舍人,刘禅即位后,任太子刘璿的侍从长官。刘璿喜欢骑马射箭,又毫无节制。霍弋就援引古代圣贤治国的大道理,以忠正之言尽力劝谏,入情入理,又有分寸。刘璿长进很大。钟会作乱成都时,刘璿被乱兵所杀。诸葛亮进军汉中,让霍弋担任记室,专司草拟文书。后来,霍弋被派往南中任庲降副都督,封安南将军。在庲降任上,霍弋平叛安民,政绩斐然。263年,霍弋闻魏军入侵,欲赴前线御敌,被刘禅制止。成都失守,霍弋大声痛哭。有部将劝速降。霍弋说:"若主上降魏,受到礼遇,则保境归降,若主上受辱,吾将以死拒敌。"当得知刘禅东迁洛阳后,霍弋才归降魏国,仍受命都督南中,受到的信任如前。诸葛亮在霍弋于自己手下任职时,让同在汉中的诸葛乔,与霍弋交游相处,希望自己的儿子,能从霍弋身上学到好品德、好才干。与好人交往,互相影响,完善自我,这也是诸葛亮教子的一大特色。

诸葛亮是中国历史上总揽国政权力最大的一位丞相,从掌大权、专国政这一点上讲,只有周公旦与他可以比拟。即使这样,诸葛亮仍然不忘教导子女,甚至是精心培育子女,且卓有成效,《诫子书》至今还被推崇有加,真正是穿越时空、历久常新。在今天的科技时代,市场经济,商品社会,人们对子女的教育又如何?"富二代"的表现又如何?好的,人们看到的不多,相反,"富二代"开好车撞人的事件却屡屡发生,更让人揪心的是,撞人后的表现,"我爸是某某!"事件让人瞠目结舌。这样的事情确实引人深思。作为人父,尽没尽到教育子女的责任，是怎样教育子女的，对自己所担任的公职，所具有的公权力以及公职、公权力是用来干什么的，是如何向子女宣示的？作为子女，要靠什么立身做人？所有这些，都有待于人们做出正确的回答。尽管现代社会，教育大发展，从幼儿园到博士站，可谓应有尽有，但是最基础的家庭教育，父母对子女的教育，是万万不能缺少的。我们普通人对子女的教育，不可能像诸葛亮那样，尽善尽美，周到细致，但该有的也不能少，该做到的也必须做到，也要尽全责，使足劲，为子女的健康成长，为家族的繁荣昌盛，为社会的发展进步，贡献微薄之力。

至理名言启后人

陈寿作《诸葛亮传》，曾收集诸葛亮文集24篇，共104112字，还有相当到位的评论。比如针对有人说，诸葛亮的文辞不够华丽，叮嘱却又过于细致周到，陈寿写道：诸葛亮所谈话的对象，都是平凡的民众，所以他的文辞意旨不能讲得过于深远。尽管这样，他的教令和遗言，都是对事物整理综合的结论，其开诚布公之心，全表现在文章里，从中足以了解他这个人的思想见解，而且对现在也有补益。

只可惜，诸葛亮的这些文章，后来还是有所遗失。但后世如隋、唐、明朝，总是有学者，将诸葛亮文集加以整理编辑，其中清代张澍的《诸葛亮集》，更是集前人之大成，内容最全，文章最多，因此流传也就最广。我们现在还能看到《诸葛亮集》，应该感谢前贤们，这也使笔者由衷地感到，中华文明、中华文化，之所以源远流长、经久不衰，文化脊梁和精英们功不可没。张澍在编辑《诸葛亮集》的自序中写道："读忠武文者，当以是求之。"我们每每读起诸葛亮的文章，都能感受到其中的巨大力量，可以说每读一次都受益匪浅。笔者也试着将诸葛亮留下的至理名言，摘录出来，分享给广大读者。

当然，最为有名的一句应是"鞠躬尽瘁，死而后已"。此语，出自《后出师表》。"臣受命之日，寝不安席，食不甘味。思惟北征，宜先入南，故五月渡泸，深入不毛，并日而食。非臣不自惜也，顾王业不可偏全于蜀都，故冒危难以奉先帝之遗意也……臣鞠躬尽瘁，死而后已。至于成败利钝，非臣之明所能逆睹也。"这段话说的是：我接受遗命以后，每天睡不安稳，吃饭不香。想到为了征伐北方的敌人，应该先去南方平定各郡，所以我五月领兵渡过泸水，深入到连草木五谷都不生长的地区作战，两天才吃得下一天的饭。不是我自己不爱惜自己，只不过是想到蜀汉的王业绝不能够偏安在蜀都，所以我冒着艰难危险来奉行先帝的遗意。我小心谨慎地为国献出我的一切力量，直到死为止。至于事业是成功还是失败，进行得顺利还是不顺利，那就不是我的智慧所能够预见的了。

鞠躬尽瘁，死而后已。这句话既是诸葛亮自表心境、自勉自励的语言，更是他一生忠诚、敬业、奋斗的真实写照。千百年来，"鞠躬尽瘁"，成了诸葛亮精神的专用语和代名词，谁要是能配得上这四个字，那就是得到了最高奖赏。清康熙帝曾说："诸葛亮云：'鞠躬尽瘁，死而后已。'为人臣者，惟诸葛亮能如此耳。"鞠躬尽瘁，过去、今天和将来，永远都是身负大小责任的人一生的追求，也是想认真干点事情的人一生的追求，更是有志之士的政治"圣经"。鞠躬尽瘁，死而后已，这一千古名句，同孟子的"富贵不能淫，贫贱不能移，威武不能

"宁静致远"匾额

屈"、贾谊的"国而忘家，公而忘私"、范仲淹的"先天下之忧而忧，后天下之乐而乐"、顾炎武的"天下兴亡，匹夫有责"等一样，已是中华民族优秀的传统文化、高尚的精神追求和传统美德的重要组成部分，这种精神，将继续激励着一代又一代中华儿女，为着正义和理想去奋斗。

其次，该是"淡泊明志、宁静致远"这一句了，这句话出自只有86个字的文章中，即《诸葛亮集·诫子书》。这8个字，流传甚广。诸葛亮在教育子女上，结合自身体会，非常崇尚静俭。《诫子书》虽然是教导其子的，但是诸葛亮的人品、作风，自是一览无余。

《诫子书》全文："夫君子之行，静以修身，俭以养德，非淡泊无以明志，非宁静无以致远。夫学须静也，才须学也，非学无以广才，非志无以成学。怠慢则不能励精，险躁则不能冶性。年与时驰，意与日去，遂成枯落，多不接世，悲守穷庐，将复何及！"意思大体上就是，有道德的人的行为，是静下心来努力提高自己，是用俭朴来培养高尚的品德，做不到恬静寡欲，就无法树立远大的志向，做不到潜心专一就不可能实现远大的理想。学习需要静下心来，要想有才干就必须学习，不学习就不可能增加自己才干，没有志向就不可能学有所成。放纵、轻浮就不可能振奋精神、精益求精；偏激、浮躁就不可能陶冶性情。这样，年龄会同时间一起飞驰而去，意志会随着岁月一天天消逝，最后精力衰竭而学识无成，不被社会接纳。到时悲伤地守着简陋的房屋，后悔也来不及了。通篇文稿，是从大的方面，即道德修养方面来说的。淡泊明志、宁静致远，既是方法手段又是目的追求，既具体实在又高深典雅。淡泊、宁静，说的都是要屏除私欲。淡泊，就是使个人的私欲无所生，然后才能明大志；宁静，就是要做到清心寡欲，排除一切私心杂念，才能心定而致远。它已成为许许多多有识之士的座右铭。

与"淡泊明志、宁静致远"相类似的名言还有"志存高远"。"志存高远"与"淡泊明志、宁静致远"，相互辉映，相互诠释，既是诸葛亮教子的主要内容，更是其修身为学的根本点，其忠诚、公道、勤勉、谨慎、廉洁等优秀品德，都与此有关，可以说都是它结出的硕果。

"虎踞龙盘"是诸葛亮形容秣陵的词，秣陵后改称建业即今日的南京，南京有雄伟险要的地形，"虎踞龙盘"，至今已成为古都的专用词。

其实，虎踞龙盘的真正来源，是古人对天上星座的形象描绘。龙星座、虎星座，按古人所定的方位，一东一西，形象醒目，容易辨认，被视为天宫天帝的守护神。如《汉书》中就有"左苍龙，右白虎，神灵以之为护卫"的记述。人间帝王当然也要把龙虎作为自己的守护神，作为皇权的象征。民间则一直以龙虎为吉祥物。总之，龙虎是中国古代历时最久、影响最大的守护神和吉祥物，但南北朝以后，龙虎作为皇权守护神的地位，逐渐被双龙和外来的双狮所取代，但作为民间吉祥物的地位至今未曾动摇过。

用"虎踞龙盘"来形容南京地形，诸葛亮是首创。钟山，自古有之，石城，是211年孙权迁治所为秣陵后所筑。212年，在刘备远征益州的第二年，吴蜀联盟因由哪一方取益州问题出现裂痕。为修补裂痕，进一步稳住吴蜀联盟，以保取川无后顾之忧，诸葛亮继赤壁大战前曾出使东吴后，再次前往东吴，也顺便为孙权抗击曹操出出主意。据《吴录》载：诸葛亮来到东吴，看到秣陵的山势地形，对孙权叹曰："钟山龙蟠，石城虎踞，此帝王之宅。"大体是说，紫金山山势险峻，像一条龙环绕建业，石头城很威武，像老虎蹲踞着，这是帝王建都的好地方。分析起来，诸葛亮之所以这样说，一方面说明石头城即南京，地形确实壮哉美哉，另一方面也可能是有忽悠孙权的成分，无非是想让孙权听着舒服高兴，前句称秣陵如同龙盘虎踞，为其成为帝王之都提供依据，后句径直说出秣陵就是帝王之都，其用意是您就安心在这里指挥军队，与曹操好好打仗，不要再想着荆州的事情了。

后来，这一成语，被特指用来形容南京的胜境。唐朝雍陶

《河阴新城》诗:"高城新筑压长川,虎踞龙盘气色全。"施耐庵《水浒传》中有"两岸分虎踞龙盘,四面有猿啼鹤唳"的句子。毛泽东在人民解放军占领南京时,写过《七律·人民解放军占领南京》的辉煌篇章:"钟山风雨起苍黄,百万雄师过大江。虎踞龙盘今胜昔,天翻地覆慨而慷。宜将剩勇追穷寇,不可沽名学霸王;天若有情天亦老,人间正道是沧桑。"此时的毛泽东,是否想到了诸葛亮对南京大好山川的评价,就不得而知了。但毛泽东对诸葛亮的宏论,多次在不同场合提到过。如1953年2月,毛泽东参观南京的紫金山天文台,在一个小山头,兴致勃勃地对大家说:三国时期,诸葛亮对孙权说过"钟阜龙盘,石城虎踞"的话,用以概括金陵形势。龙盘虎踞就是指紫金山像条龙蜿蜒而来,南京城像老虎似的蹲在那里。今天这个形势依然如故。

至于诸葛亮论述治国、举贤、赏罚等方面的名言,也多得很,其中许多已经演变为成语,演变为人们的常用语。

如"先理身,后理人"。出自《诸葛亮集·治乱第十二》,包括"理上则下正,理身则人敬,此乃治国之道也"。

如"亲贤臣,远小人"。出自《出师表》。诸葛亮在列举了众多贤臣之后,总结说:"亲贤臣,远小人,此先汉所以兴隆也;亲小人,远贤臣,此后汉所以倾颓也。"

如"养神求生,举贤求安"。出自《诸葛亮集·举措第七》。"举措之政,谓举直措诸枉也。夫治国犹于治身,治身之道,务在养神,治国之道,务在举贤,是以养神求生,举贤求安。故国之有辅,如屋之有柱,柱不可细,辅不可弱,柱细则害,辅弱则倾。故治国之道，举直措诸枉，其国乃安。夫柱以直木为坚，辅以直士为贤，直木出于幽林，直士出于众下。"

如"为政之道，务于多闻"。出自《诸葛亮集·便宜十六策·视听》。"为政之道，务于多闻，是以听察采纳众下之言，谋及庶士，则万物当其目，众音佐其耳。"意思是说，治理国家的道理，务必尽量多了解各方面的情况。因此要注意听取、分析和采纳下级的意见，谋划事情时，要同百姓和有知识的人商量，这样，就能察明一切事物，众人的声音就能帮助自己的耳朵。

如"智者不逆天，亦不逆时，亦不逆人也"。出自《诸葛亮集·将苑·智用》。大体是说，凡是有才智的人，不会悖逆天时条件，不会丧失时机，也不会违背人们的意志。

如"计疑无定事，事疑无成功"。出自《诸葛亮集·便宜十六策·察疑》。说的是，谋划事情的时候疑虑重重，就没有能够确定下来的事情；做事情的时候疑虑重重，就没有能够建成的功业。

如"赏以兴功，罚以禁奸，赏不可不平，罚不可不均"。出自《诸葛亮集·赏罚第十》。说的是，奖励是为了鼓励将士建立功业，惩罚是为了禁止邪恶的行为。因此奖励必须公平，惩罚必须合理。像这样的语言，诸葛亮说了很多，如"赏于无功者离。罚加无罪者怨。喜怒不当者灭"。奖赏无功的人，众人就会离心，惩罚无罪的人，众人就会怨恨，喜怒无常就会招致灭亡。"赏罚不曲，则人死服。"赏罚时不偏私，人们就会以死相报。"尽忠益时者虽仇必赏，犯法怠慢者虽亲必罚。"竭尽忠诚而有益于时世的人，即使是自己的仇人也要奖赏，违反了法纪而又不服气的人，即使是自己亲近的人也要处罚。

还有"开诚布公"，则是陈寿对诸葛亮的评语"开诚心，布公道"的简写，是说诸葛亮担任相国，显示诚心，办事公道。现在是使用频率较多的成语之一。这样的成语还有许多，像"集思广益"，出自《诸葛亮集·与群下教》："集众思广忠益也。""瞻前顾后"，出自《诸葛亮集·便宜十六策·思虑》："仰高者不可忽其下，瞻前者不可忽其后。"说的是，仰望高空的人不能忽视地下，往前观看的人不可以忽视背后。比喻做事必须周密考虑，谨慎为之。此文中还有"人无远虑，必有近忧""非其位不谋其政""视微知著，见始知终"等名句，也为后世人们所常引用。"安居乐业"，出自《诸葛亮集·不陈》："圣人之治理也，安其居，乐其业。""当断不断，必受其乱。"出自《诸葛亮集·便宜十六策·斩断》，说的是，应当作出决断的时候不决断，必定会为此遭受祸害。"居安思危"，出自《诸葛亮集·戒备》："若乃居安而不思危。""见利不贪，见美不淫。"出自《诸葛亮集·将苑·将志》，就是见财利不起贪心，见美色不起淫意。"受任于败军之际，奉命于危难之间。"出自《出师表》，后人常以此语来形容在危急时刻，出任艰苦工作、完成险峻任务、力挽狂澜的人。

孔明"自夸"谨慎而已

诸葛亮自夸之语，《三国志·诸葛亮传》只有两处记载：一是诸葛亮"每自比于管仲、乐毅"；二是诸葛亮在《出师表》中称："先帝知臣谨慎，故临崩寄臣以大事也。"明代张玮，称"人之知武侯不如武侯之自知""其得处只一谨慎"。朱熹也说过"汉唐来，做事密者惟武侯"。可以说，谨慎，是诸葛亮的特有标签，纵观他一生可谓时时、处处、事事谨慎，其身上的其他众多美德与功绩，多源自于此。后世之人，对此极为认同。清代郝凤仪，称"一生相业，谨慎自然"。爱国将领冯玉祥也说："成大事以小心，一生谨慎；仰风流于遗迹，万古清高。"

人们最认可诸葛亮谨慎的事例，就是屡次北伐都不取魏延出奇兵之计一事了。《魏延传》载，魏延每次随诸葛亮出征，总是要求率1万士兵和诸葛亮分道进兵在潼关相会，就像从前韩信所做的那样，诸葛亮都阻止不答应他。诸葛亮主要考虑，魏延此策是行险侥幸，蜀军以节制之师，进退如风，岂能以侥幸取胜；即使魏延以一旅攻至咸阳，蜀后援未到，魏兵四面攻击，蜀军怎能独守一城，结果只能是全军覆灭魏延被擒。清代王萦绪认为，"劳师远征，兵家所忌"。"千里袭人，万一有张郃其人者，或拒于前，或断其后，岂不损国威而败乃公事乎？延之计，所谓行险以侥倖者也。"清代王夫之对此更有高论：诸葛亮"出师以北伐，攻也特以为守焉耳。以攻为守，而不可示其意于人，故无以服魏延之心而贻之怨愤"。"公盖有不得已焉者，特未可一一与魏延辈语也。"既然以攻为守，必保不败至关重要，那就更容不得丝毫冒险与心存侥幸了。

其实，体现诸葛亮谨慎的事，如"自校簿书，流汗竟日""夙兴夜寐，罚二十以上皆亲揽焉"，等等，真是太多太多了。

诸葛亮初出祁山，魏国南安、天水、安定三郡叛离曹魏而归附蜀军。后街亭战败，诸葛亮将西县1000多户迁回汉中。有人以为蜀汉地窄人少，诸葛亮此举意在增加蜀汉人口。其实不然，诸葛亮是怕魏军来后，将这些叛曹拥蜀的民众都屠杀掉。因曹魏政权有这一恶习，前有曹操报陶谦之仇，屠徐州鸡犬不留；后有司马懿辽东之战，屠襄平城可统计的人数就超过9000人。诸葛亮因此必须谨防出现这种后果，影响来日再战，魏地民众不再敢奉迎蜀军。清代李光地，就曾驳斥诸葛亮拔千户而归是欲增加人口之说，而是"恐魏人屠之"。

对于诸葛亮不禁抑法正"睚眦必报"，历来非议不少，但细细想来也是其谨慎的必然结果。清代朱璘，"惟法正以阴献取蜀之策，负才任性，敢于谏诤。使必绳之以法纪以戢其纵横之气，恐谏诤或因之不力，而先主反少一强项之臣矣"。"孔明之开诚布公,而能尽时人之用也。"大意是,蜀汉敢于强力谏诤刘备的只有法正一人,且刘备还能言听计从,如果禁抑法正则会少了强诤之臣,这对于蜀汉大局不利,诸葛亮权衡利弊这样做是正确的。

诸葛亮广咨询,闻过必改。曾和僚属说:"夫参署者,集众思,广忠益也。"希望别人对于某一问题尽量发表意见,互相讨论,"事有不至,至于十反,来相启告",使能集思广益,得到真理,"则亮可少过矣"。作为一个丞相,如果不是谨慎小心,而是事事自以为是,还用得着这样反复发动下属来攻己之短吗?

诸葛亮的《出师表》,与其说是出征请示,倒不如说是一份对小皇帝刘禅规劝和叮咛的嘱托书。对于刘禅,诸葛亮兼具了君臣、师生,甚至父子之间的情怀,出门远征之际,担心朝廷出错,一遍又一遍地叮嘱,字里行间看上去都近乎琐碎与絮叨,就是生怕刘禅听不进去,不当回事。《出师表》结尾几句:"今当远离,临表涕零,不知所言。"即如今就要远离,面对表章泪流满面,不知道该说什么好。不正是诸葛亮写表文的心境吗?

诸葛亮好几次因为别人的过错,引为自咎。马谡因违调度败于街亭,诸葛亮引咎自责,上表请贬三等。最为大家所熟悉。

诸葛亮临终前,对自己的葬礼提出了这样的要求,"遗命葬汉中定军山,因山为坟,冢足容棺,敛以时服,不须器物"。他说只需要把他葬在定军山下,依山造坟,墓穴刚好能容纳下棺材，入殓时穿平时所穿的衣服。如此的大人物，如此的下葬规格，在当时乃至后世，可以说是相当简陋了。

诸葛亮还自表后主，公开自己的财产数目。他死后，朝廷对他的家产检查结果完全如他所说，只有"桑八百株，薄田十五顷"，堪称一代廉相。诸葛亮这样做，除了受廉洁品格支配外，何尝不是出自谨慎，怕刘禅误认为自己大权在握，会不会像一般权臣那样猛积家产？通过主动晒家底以消除后主可能产生的疑心。其实早有古代大臣这样做过。王翦奉命率60万秦军攻击楚国，出发前以趁着大王信任之时，多为子孙后代要一点儿东西为由，一连向秦王要了许多好房子、好地、好园林，到了函谷关，又一连五次派人回去向秦王要好地。部属对此表示不理解，王翦说，秦王又粗暴又好怀疑人，现在他把全国的军队都交给了我，我要是不说为子孙向他要房子要地，那岂不让他担心、怀疑我吗？仅凭这件事来看，王翦也是足够聪明与谨慎的，只不过与诸葛亮的做法正相反而已。

诸葛亮一生最后的谨慎是，遗令魏延断后，杨仪先入，姜维随后，如果魏延不服从命令，大军便自行出发。如此安排，虽然魏延可能由于未授军权于己激愤生乱，却可以轻而易举地解决掉，否则魏延先入蜀，蒋琬未担任过军职，威望也不够，恐争不过魏延，蜀汉就会落入魏延之手。另外，将领互相争执于内，魏国司马懿必乘机生事，以乱蜀国。事实也证明了这一点，魏延作乱，被马岱一刀斩杀，蜀军平稳撤入汉中。清代王夫之说："武侯之计周矣。""故二将讧（指魏延、杨仪两人）而于国无损。"

另外,《晋书·桓温传》载:"诏温依诸葛亮故事,甲仗百人入殿。"甲仗就是披甲执兵的卫士,"甲仗百人入殿",即100名卫士护卫上朝。且不说此事的真假,因《三国志》没有此类记载,假的可能性更大些。就是真有此事,说明刘禅重视诸葛亮,给予其最高规格的上朝礼遇,也说明诸葛亮此举,是身系国家安危,谨防万一遭遇不测的措施而已。后来接手蒋琬总揽国政的费祎,不就是不注意防范,在朝堂宴会上,竟被魏国一降将刺死。教训可谓深刻。

清代大臣、江苏按察使兼江宁布政使黄恩彤,称诸葛亮"自述其受知先帝则曰'谨慎'。惟帝知丞相,惟丞相自知之也。谨慎者何?临事而惧,好谋而成,圣人所与也"。谨慎,持有此种态度的人,会对事物做整体的、细节性的考虑,小心评估利弊得失,并且反复思量自己的决定和行动所造成的结果。伴随他们的将永远是一丝不苟、小心翼翼、谨小慎微、专心致志、全神贯注、谨言慎行、三思而后行,收获的必然是"谨慎驶得万年船"。谨慎,也往往是对人对事的最高评价。毛泽东于1962年9月24日在中央八届十中全会上的讲话中说:"叶剑英同志搞了一篇文章,很尖锐,大关节是不糊涂的。我送你两句话:'诸葛一生唯谨慎,吕端大事不糊涂。'"

诸葛亮事必躬亲辩

"金无足赤,人无完人。"诸葛亮是人不是神,当然也是有缺点的,所谓"美玉微瑕"。自古以来,人们诟病最多的就是诸葛亮"自校簿书,流汗竟日""夙兴夜寐,罚二十以上皆亲揽焉",认为作为统帅人物过多地过问琐事是一大忌,既分散抓大事的精力,又对自身健康十分不利。诸葛亮54岁逝世,而曹操、孙权、刘备逝世时分别为66岁、71岁、63岁。诸葛亮确属英年早逝,完全是过多劳累所导致的。

最早批评诸葛亮这一缺点的是蜀汉的丞相主簿杨颙(字子昭):"为治有体,上下不可相侵,请为明公以作家譬之。今有人使奴执耕稼,婢典炊爨,鸡主司晨,犬主吠盗,牛负重载,马涉远路,私业无旷,所求皆足,雍容高枕,饮食而已,忽一旦尽欲以身亲其役,不复付任,劳其体力,为此碎务,形疲神困,终无一成。岂其智之不如奴婢鸡狗哉?失为家主之法也。是故古人称:'坐而论道谓之三公,作而行之谓之士大夫。'故邴吉不问横道死人而忧牛喘,陈平不肯知钱谷之数,云'自有主者'。彼诚达于位分之体也。今明公为治，乃躬自校簿书，流汗竟日，不亦劳乎！亮谢之。""颙死，亮垂泪三日。"杨颙的这段话，劝说诸葛亮不必越俎代庖，自校簿书，整日劳累，以致"上下相侵"，这样做最终只会空耗精力。

清代何焯，也批评诸葛亮事无巨细的做法。"罚二十以上，岂无参佐可以平之！孔明虽蹇蹇夙夜，不若是之不谙政体也。"

但更多的人，是对诸葛亮的做法予以理解和赞同，并指出杨颙不在其位，不懂其政。清代杨希闵："此杨子昭之谏，虽出于诚爱而不尽然，度外之事，未可质言，故诸葛谢之，亦不更相覆难也。"即杨颙置身事外，不能如实而论。诸葛亮虽致谢，但并未加以改正。

细细分析，赞同诸葛亮做法的，大致出于如下几个考虑：

一是勤奋是圣人之德、君子之行。中华文明以勤为美，古之圣贤无不以勤著称。宋代胡寅："勤者，圣人之盛德而君子之贤行也。""舜、禹、文王、周公，达而在上，孔、孟穷而在下，未尝不勤。""武侯，勤劳躬亲以至没世，此其远继前哲。"赞扬诸葛亮如此躬身勤劳，是继承圣人先哲之美德。圣贤尚且如此勤奋，普通人就更该加倍勤奋才成。晋代陶侃，勤于职守，千绪万端，从无遗漏。他有段名言："大禹圣者，乃惜寸阴，至于众人，当惜分阴。岂可逸游荒醉？生无益于时，死无闻于后，是自弃也。"曾国藩说过："余谓天子或可不亲细事，为大臣者则断不可不亲。"诸葛亮不正是这样勤于职守的典范吗？我们敬爱的周恩来总理，一生勤勤恳恳、呕心沥血、任劳任怨，一天工作时间超过12个小时，有时在16个小时以上，即使在病重住院的生命最后时期，还抱病操劳国事。真正做到了他自己所说的"应该像牛一样努力奋斗"，"为人民服务而死"。这正是周恩来总理赢得人民深切爱戴和永久怀念的重要因素。位高责任重的人事必躬亲，受益的总归是广大民众，这又有什么可指责的？

二是蜀汉人才既寡又弱。这是后世众多学者的共识。明代诗人、史学家、南京刑部尚书王世贞："故以庞统之智焉而死，法正之敏焉而死，关、张之悍鸷焉而死，于是乎，孔明之志穷，势不得不独身而力干之。""虽以忌愎之李严、浮诞之马谡、褊浅之杨仪、暴肆之魏延，不得已而拾其长，以充牛溲、马勃（两种普通的草药，喻人才能力低下）之用。"清代王夫之："杨颙之谏诸葛公曰：'为治有体，上下不可相侵。'大哉言矣！公谢之，其没也哀之，而不能从，亦必有故矣。"蜀汉"能如钟繇、杜畿、崔琰、陈群、高柔、贾逵、陈矫者，无有也。军不治而惟公治之，民不理而惟公理之，政不平而惟公平之，财不足而惟公足之；任李严而严乱其纪，任马谡而谡败其功；公不得已，而察察于纤微"。甚至还说蜀汉"败亡之日，葛氏仅以族殉。蜀士之登朝参谋议者，仅一奸佞卖国之谯周"。最后这句话，当然是指后诸葛亮时期，但蜀汉人才缺少却由来已久，以致诸葛亮不得不辛劳至此。

三是艰难缔造时期所必需。蜀汉正逢先帝东征惨败，白帝托孤委以大任，百事需兴百废待举，艰难困苦至极，远不是坐享守成的太平盛世。诸葛亮更比过去小心谨慎，国事政事，不分巨细，事事操心，亲力亲为。清代王萦绪："盖颙所论者，太平无事之体；而侯所行者，艰难缔造之道也。大禹胼胝九州，周公风雨三年，岂得拘太平无事之体乎？以蕞尔之蜀，渡泸水而远夷心服，出祁山而强敌胆丧，孰非汗流竟日之心力所经营而固结者乎？"这段话涉及两个典故："大禹胼胝九州"，出自《史记·李斯列传》，是说大禹治水，由于长年劳作，他的大腿上已经没有白肉，小腿上磨光了汗毛，手脚都结上厚厚的老茧，面孔晒得黝黑，最后累死在外边，埋葬在会稽山下。"周公风雨三年"，周成王继位后，因年岁太小，由周公协助处理国家大事，周武王的另两个弟弟，勾结殷纣王的儿子武庚发起叛乱，周公带兵经过三年的艰苦征战，终于平息了叛乱。这段话大意是，正是诸葛亮的躬身勤劳，惨淡经营，才使蜀汉在夷陵战败遭受重大挫折后，和好东吴，南夷心服，曹魏丧胆，国内大治。

四是公忠体国，唯恐"托付不效"所致。清代吴裕垂："孔明受托白帝以来，寝不安席，食不甘味，在署则躬校簿书，流汗终日，在军则躬览兵刑。食少事繁，所为鞠躬尽瘁，死而后已也。唐虞三代之治体，孔明知之审矣。两汉丞相，深知治体者，孔明一人而已。信如子昭作家之喻，是阁老可以纸糊，尚书可以泥塑，而克臻乎上理也。一自平吉见称，后人高言元妙，以清谈为论道，以卧治为燮理，以博饮游戏，为风流宰相。尤而效之，治体愈乖，相业愈衰，而不自知其谬也。故不能已于一辩。"大意是诸葛亮凡事躬身自劳，是其在践行"鞠躬尽瘁，死而后已"的庄严承诺，尽忠于蜀汉朝廷的自觉行动。汉代陈平、丙吉为相，问钱谷而不知，见死人而不管，清谈阔论，安逸风流，实为失职，"平吉之论"不可取。

评论历史人物不能离开其所处的时代背景，诚然一般来说，大人物最好放手琐碎小事，一门心思地抓带有战略意义的事情，这是理想化的结果。诸葛亮是三国偏弱一隅的蜀汉掌门人，面对托孤之后内外交困的艰难局面，各类人才又极度匮乏，内政外交政事军事，容不得出半点儿差错，不事必躬亲又有什么高招可用？！笔者认为，诸葛亮事必躬亲，是践行"鞠躬尽瘁，死而后已"宣示的必然结果，是形势任务所迫必须这样做，也是人才不足不得已而为之。因此，"事必躬亲"谈不上是诸葛亮的什么缺点与错误。不知读者是否认同？

生命不息，奋斗不止
——五丈原诸葛亮庙游记

五丈原，是大星陨落之地，在这里，诸葛亮留下了"出师未捷身先死，长使英雄泪满襟"的千古绝唱。2019年7月底，笔者特地乘坐高铁从北京赶来岐山，游览五丈原，瞻仰诸葛亮庙，感受先贤实践他"鞠躬尽瘁，死而后已"的庄严承诺，体会他生命不息、奋斗不止的伟大精神。

五丈原在陕西省岐山县南部，系一长蛇形黄土台塬，高约40丈，南北长有3.5公里左右，东西宽平均约1.5公里，北宽南窄，从高处看似一个葫芦。一面靠山，南依秦岭，有褒斜道相接，是汉中出关中的必经之路，北傍渭河，眼望关中，除南面外的另三面均是陡峭塬

"五丈原"石碑

坡，战略地位十分重要。沿着弯曲的盘原道来到原上，映入眼帘的就是位于原上北端的诸葛亮庙。

庙前广场立有"五丈原"醒目石碑。"五丈原"一名，还是诸葛亮最早叫出来的。《水经注·渭水》载，诸葛亮与步骘（东吴将领）书："仆前军在五丈原，原在武功西十里余。"而诸葛亮庙，则始建于三国末年，根据主要是元初廉访司副使郭思恭所写的《汉丞相诸葛武侯公五丈原庙记》，其中有"庙自汉至今，千有余年"的句子，后经历代修复，保存至今的建筑是清末的规模。新中国成立后又多次全面维修，使庙貌为之一新。山门檐下是被毛泽东称为"马背书法家"的舒同题写的"五丈原诸葛亮庙"七个鎏金大字，两边柱子是"一诗二表三分鼎，万古千秋五丈原"楹联，形象地概括了诸葛亮的一生。门内两侧墙壁绘有老将颜严、黄忠画像，正门里檐下悬挂"忠贯云霄"横匾，两侧门柱的楹联为"伐曹魏名留汉简，出祁山气吞中原"，魏延、马岱的威武塑像站立两侧，护守着山门。过了山门进入庙内，则是"空谷传声"的钟楼和"声闻于天"的鼓楼，游客可以敲响铸于明代、高和口宽均为6尺、4000多斤重的大钟，听那洪亮浑厚余音持久的钟声，犹如穿越到古战场上一样。走过献殿和八卦亭，就到了武侯正殿，"英名千古"大字悬于檐下，殿内正中羽扇纶巾的诸葛亮塑像，展示了一代英杰的忠烈风姿。"将相师表""出将入相""北定中原"三块匾牌悬于神龛之上，两侧是写"短兵五丈原，长眠一卧龙"的楹联，张苞与廖化、王平与关兴，四员大将的塑像挺立左右。正殿的右后侧是诸葛亮衣冠冢，幽卧在一片松柏林中，石柱围栏，庄重肃穆。诸葛亮病逝于五丈原后，蜀军将士将其衣冠埋葬于此，堆土为坟，以示祭祀。而诸葛亮墓则在汉中勉县的定军山下。庙内后院还有文臣武将廊、碑廊、落星亭、月英殿，无不引人驻足观看沉思。

"五丈原"诸葛亮庙

  笔者离开诸葛亮庙后，又请一当地居民为导游，乘出租车，跑遍了五丈原古战场遗留的古迹。如：位于五丈原南端三公里的最窄处的"豁落城"，即诸葛亮的中军帐，现已只剩下一段土岭，但当时的威严险势依旧可见；在五丈原北部原下处的"诸葛泉"，为蜀军取水之泉，这里的泉水从古至今没有断流过，笔者去的那天还有不少妇女在泉水边上洗衣服；五丈原下向北1公里处的"魏延城"，由魏延率军驻此而得名，现已成为繁荣的高店街集市；渭水南岸肥沃的渠道纵横的屯田遗址——"诸葛田"。

  站在五丈原上，望着南边的秦岭大山、北边的渭河以及原两侧的深豁沟壑，按陈寿《三国志》的相关内容，当然排除了演义和传说中那些无法得到印证的渲染，加以思索，好像对诸葛亮最后一次北伐及其重要性，对诸葛亮"鞠躬尽瘁，死而后已"的宣示，有了更为深入的理解。

诸葛亮在五丈原的最后日子，也是第五次出兵伐魏，只有100来天，然而却是历次北伐中准备最充分的一次。首先，与前几次出兵相比间隔时间最长，达两年半左右，以往一般是北伐归来的次年便发兵。这期间休整军队，发展农耕，积蓄粮草。在大军必经之路上修建"邸阁"（粮仓），囤积军粮。制作了流马，对木牛与流马，人们一般都笼统说成木牛流马，实际上这是两件运具，制作方法也不一样，似乎将流马理解为木牛的升级版、第二代更合适些。诸葛亮第四次出祁山时，是用木牛运送军粮的，这次出兵是用流马运送军粮的。其次，出兵前已与东吴商定好，吴、蜀同时向魏国发起攻击，孙权也确实亲自出动，进攻合肥新城，虽没能成功，但也在一定的时间内，有效地牵制了魏国的力量。第三，也是出兵最多的一次，达十余万人。《诸葛亮传》载："十二年春，亮悉大众由斜谷出。"即诸葛亮率大军由斜谷出兵，但没有说清军队的人数。《晋书·宣帝传》载："青龙二年，亮又率众十余万出斜谷。"诸葛亮前几次出兵，传记都没有写人数，也没有"悉大众"之类的副词，但估计都没有此次多。最后，打牢长久驻扎的根基。占据五丈原后，诸葛亮吸取以往北伐军粮供给不上，常常不得已退兵的教训，分出部分兵力进行屯田。这些士兵与渭河岸边的魏国居民混杂在一起，没有一丝一毫的抢掠百姓谋取私利的行为，当地的老百姓安定得像墙壁一样。

综上可以看出，诸葛亮占据此地，进可攻，退可守，就是要做长久打算，而不像前几次，打不赢就撤回汉中去。以五丈原为根据地，向北占领渭河北岸的北原，隔断关中与陇西的联系，扩大以往几次北伐的战果，一举夺取陈仓（今宝鸡）以西的地区，等于把蜀国国界向前推到了关中地区，再自西向东攻击魏国。即便此次出兵没有大胜，占据五丈原本身就是巨大的胜利。加之士卒早已采取轮流作战制，简言之，这次来了就不打算走了，这也是与前四次北伐的最大区别之处，这恐怕是诸葛亮内心的打算。见仁见智，如不妥就当是笔者的奇思妙想吧。

诸葛亮抱病坚持终于不支。史书没有记载诸葛亮患有什么病，最后又是因为什么病而去世的，但长期事必躬亲，必定是要积劳成疾的。蜀汉丞相府主簿杨颙，早就以丙吉不问路上杀人事、陈平不了解国家钱粮收入的事例，劝说诸葛亮，不要亲自校改公文，终日汗流浃背，这样太过劳累。诸葛亮只是表示感谢，并没有听进去。五丈原阵前，司马懿与蜀军一名士卒的对话，可以看到诸葛亮每天都早起晚睡，事事过问，就连20军杖以上的责罚，都亲自批阅，"所啖（吃的意思）食不至数升"。这里是指熟食不过数升，而不是生米数升，饭量已经很小了。本来征战在外，体能消耗大，又吃得少补充不上，分析来看，很可能是患了严重的胃部疾病，实在是吃不下去呀。但就是这样，诸葛亮还是硬熬下去，在五丈原指挥蜀军与魏军作战，还留下了"羽扇纶巾"的飘逸形象。《世说新语》载，诸葛亮与司马懿对阵渭滨，司马懿全副戎装，诸葛亮则坐在车上，戴着白色葛巾，手持羽毛扇，"指麾三军，随其进止"。司马懿叹曰："诸葛君可谓名士矣。"这便成了后来小说和戏剧中诸葛亮"羽扇纶巾"的固定形象。司马懿统率20万魏军，越过渭河，在南岸扎营,与蜀军相对峙。因魏将郭淮防范严密,蜀军攻击北原未果,又改为攻击北原附近的阳遂,也因魏军居高临下还击,未取得成功。经过这几次小的交锋,双方均未取得大的胜利。司马懿便采取据守不战的策略,和诸葛亮干耗起来。以至诸葛亮派人给司马懿送去女人衣服和首饰,用羞辱的方式激其出战,司马懿就是不理会,还假借魏国持节使者辛毗的名义,声称是皇帝不许出战的,以压制那些整天嚷着要出战的将领。

诸葛亮眼看交战不成,身体每况愈下,越是加倍工作,争取在有生之年为蜀国多做一些事情,对包括推荐接班人、蜀军稳妥后撤、自己的安葬事宜等,一一作了交代。《蒋琬传》载,诸葛亮于八月曾"密表后主:'臣若不幸,后事宜付琬。'"《孙福传》载:诸葛亮于武功病重,后主遣尚书仆射李福前往慰问。李福来来回回跑了两趟,直至问清丞相之后蒋琬可继之,再后费祎可继之。后主刘禅依嘱落实,确保权力无缝交接,当然这是后话。

《魏延传》载,秋天,诸葛亮病重,秘密与长史杨仪、司马费祎、护军姜维等人,安排自己去世后退军的部署,下令魏延军断后,姜维在前面,如果魏延不服从命令,大军便自行出发。蜀军遵照丞相嘱托,顺利后撤,还解决掉了不服从安排的魏延。蜀军离开五丈原后,当地百姓告知魏军,司马懿率军追赶,快要接近蜀军时,蜀军突然调转旗帜,擂动战鼓,佯装反击。司马懿见状,立刻收军后退,不敢逼近,蜀汉十万大军得以顺利归还。老百姓说:"死诸葛走生仲达。"司马懿听到后说:"吾能料生,不便料死也。"蜀军退后,司马懿赶到五丈原查看蜀军营寨,见所有营垒、井灶等严密有序,连连赞叹:诸葛亮"天下奇才也"。

蜀军撤至汉中勉县,按照遗嘱刘禅将诸葛亮安葬在定军山下,坟墓依山为势,墓内只放下棺材,身上穿平常衣服,不用随葬器物。

如此具体展开的"鞠躬尽瘁,死而后已"的一幅幅画面,是何等的感人肺腑啊!五丈原,留下了诸葛亮出师未捷、壮志未酬的无限遗恨;诸葛亮庙,传颂着一代贤相生命不息、奋斗不止的千古美德。可以说,诸葛亮忠诚爱国,忘我工作,在北伐中所表现的为远大理想坚忍不拔的斗争意志以及他积劳成疾,直至病死军中,"鞠躬尽瘁,死而后已"的献身精神,已成为千秋之楷模,是一座取之不尽、用之不竭的丰富宝库,已成为中华民族优秀传统文化的重要组成部分。试想,一个人、一个政党、一个民族、一个国家,都来用"鞠躬尽瘁,死而后已"的精神激励自己,都以生命不息、奋斗不止的标准来要求自己,那是何等强大的物质和精神力量啊!"中国梦"的实现,必然指日可待!

遗子黄金满籯，不如一经

"遗子黄金满籯，不如一经。"即留给儿子满箱的黄金，也不如留给他一部经书。语出自《汉书·韦贤传》，韦贤"笃志于学，兼通《礼》《尚书》，以《诗》教授，号称邹鲁大儒"。"故邹鲁谚曰：'遗子黄金满籯，不如一经。'"藏书甚多，官至丞相，膝下有四子，都入仕做了官，小儿子韦玄成，因为精通儒学也当了丞相。所以邹鲁地方都流传着上述那句谚语。这句谚语被后人多次引用。《梁书·徐勉传》载："尝为书诫其子崧曰：'古人所谓以清白遗子孙，不亦厚乎？'又云：'遗子黄金满籯，不如一经。'"南北朝庾信撰写的《豆卢永恩墓碑》也有"立身则十世可宥，遗子则一经而已"的字样。宋代汪洙《神童诗》："遗子黄金宝，何如教一经。"

古代的廉吏能臣，像韦贤这样崇拜典籍，敬畏文字，只把自己多年积攒聚集的书籍，传给子孙的，还不在少数。唐朝杜暹，曾任宰相，藏书万卷，每卷后都亲题："清俸买来手自校，子孙读之知圣道，鬻之借人为不孝。"即我用清廉的俸禄买来的书，亲手校对，子孙读了这些书，知道了圣贤之道，把书卖给他人以及借给他人都是不孝的行为。后人有的评说，把书卖了为不孝，还可以说得过去；把书借给他人也视为不孝，就有些过分了。其实，杜暹如此说，无非就是不许子孙糟蹋书籍，要很好地读书悟道而已，无可厚非。

苏辙《藏书室记》载，先君"有书数千卷，手缉而校之，以遗子孙，曰：'读是，内以治身，外以治人，足矣。此孔氏之遗法也。'先君之遗言今犹在耳。其遗书在椟，将复以遗诸子，有能受而行之，吾世其庶矣乎"！即苏辙的父亲苏洵，是位颇重书籍收藏的学者，有几千卷书，亲手编辑校对整理，把它留给子孙，他说："读这些书籍，对内修养身心，对外管理他人，足够了。这是孔子遗留下来的教化方法。"父亲的教诲现在还在耳边回响，他遗留下来的书籍仍在木柜中，我要把这些书籍再传给子孙，如果子孙们接受这些书籍并且践行其中的内容和道理，我们的后代就很好了。

韦贤、杜暹等人热衷于"聚书千余卷，将遗子孙计"，在他们眼中书籍是什么？读书又为何？

书籍是良药。汉代刘向说过："书犹药也，善读之可以医愚。"明代冯梦龙说："要知天下事，须读古人书。"读书对于启智去愚，丰富知识，开拓视野，有多么重要。

读书为务本。宋代欧阳修说："立身以立学为先，立学以读书为先。"书中自有做人做事做官的道理，这是不能忘怀的根本，只有苦下功夫，勤奋读书，才能通达事理，悟到得到这个根本。

当然，毋庸讳言，读书更是路径。"万般皆下品，惟有读书高"，历朝历代则倾倒过无数人，读书成为改变命运的重要途径。韦贤若不是父子都做上了丞相，邹鲁地方的那句谚语也不会流传开来。

读书还有真趣。"书卷多情似故人，晨昏忧乐每相亲。"于谦《观书》中的这两句诗，将书卷比作多情的老朋友，每日从早到晚和自己形影相随、愁苦与共，再恰当不过地表明读书不倦、乐在其中的高雅意趣了。

由赵云之子临阵战死说开去

《三国志·赵云传》载，赵云长子赵统，承袭父爵，官至虎贲中郎将，督行领军；次子赵广，牙门将，随姜维至沓中，临阵战死。这一记载过于简略，另据《姜维传》载，姜维于景耀五年（262）率军驻扎沓中，景耀六年（263），曹魏派五路大军伐蜀，赵广随姜维与魏军邓艾部战于沓中疆川口，赵广战死，姜维败退，率军坚守剑阁。

同赵云之子一样，关羽之子、张飞之子、武侯之子等蜀汉的官（将）二代乃至官（将）三代，大多秉承先辈遗风，先是跟随诸葛亮，后期则追随姜维，出生入死，南征北伐，直至抵抗邓艾、钟会伐蜀，或临阵战死，或自杀殉国，极少有变节投敌的。当然，要将自缚出降的刘禅除外，刘禅之子刘谌，还哭于昭烈之庙，"伤国之亡，先杀妻子，次以自杀"。邓小平说过："刘备是儿子坏，孙子好。"

先简要说说蜀汉几位重臣后代的表现：

关羽之子关兴继承爵位，官至侍中，诸葛亮非常器重他，认为他不同寻常，可惜没几年就去世了。其子关统继承爵位，官至虎贲中郎将，关统死后由关兴庶子关彝继承封号。关家其余的后人，被随钟会、邓艾伐蜀的庞德之子庞会尽灭。

张飞长子张苞，早死。《三国演义》写到张苞身死，孔明"放声大哭，口中吐血，昏绝于地。众人救醒。孔明自此得病，卧床不起"。次子张绍继承爵位，官至尚书仆射。张绍子张遵，任尚书，随诸葛瞻在绵竹与邓艾交战中战死。

诸葛瞻，是诸葛亮老年才得到的，又是唯一的亲生儿子，官至军师将军、平尚书事，是蜀汉后期的主要辅政者之一。他与自己的儿子、诸葛亮的孙子诸葛尚，在抵御魏军进攻时，一同殉国而亡。邓艾率军偷渡阴平，突至涪城。诸葛瞻率军迎战。邓艾派使者给诸葛瞻送信，称："你如果投降，我就上表封你为琅琊王。"诸葛瞻看完勃然大怒，撕碎书信，斩杀来使，与邓艾交战，被打得大败。他在阵前战死，年仅37岁。诸葛尚见父亲战死，叹曰："父子荷国重恩，不早斩黄皓，以致倾败，用生何为！"冲入魏军战死，时年不到20岁。邓艾也为这对父子的忠义所感动，将他们合葬。时至今日，四川绵竹还保留有祭奠诸葛瞻父子的"双忠祠"。

蒋琬之子蒋斌，汉城护军，守汉城。钟会伐蜀均未攻破汉城与乐城。《蒋琬传》载，钟会在汉城阵前，曾给蒋斌写信，把蒋斌与自己比作同类，表示崇敬之情，并希望得到其父蒋琬的墓地所在位置，也好前去祭拜。蒋斌也写了回信，虽告知其父的墓地所在，但拒不投降。直到刘禅投降后，蒋斌才奉诏到涪县见钟会，后死于成都之乱。其弟蒋显也被乱军杀死。

黄权之子黄崇，尚书郎，随诸葛瞻抵御邓艾，到达涪县后，诸葛瞻停留不前，黄崇苦劝应当立即向前，占领险要山势，以阻止敌军进入成都北面的平原地带。诸葛瞻不听，率军退到绵竹与魏军交战。黄崇鼓励将士，抱着必死的决心，带头向前冲锋，结果在阵前被杀。

马超之子马承、费祎之子费恭，都早卒，史书未记载他们两人的事迹。

傅彤，随刘备伐吴，先主败退，断后拒敌，战至最后，吴将令傅彤投降，傅彤骂道："吴狗！何有汉将军降者！"遂战死。《姜维传》载，傅彤之子傅佥，"钟会攻打包围汉、乐二城，令派将领进攻阳安关口，蒋舒（关城副将）开城投降，傅佥格斗战死"。裴松之注引《汉晋春秋》曰："蒋舒将出降，乃诡谓傅佥曰：'今贼至不击，而闭城自守，非良图也。'佥曰：'受命保城，惟全为功，今违命出战，若丧师负国，死无益矣。'舒曰：'子以保城获全为功，我以出战克敌为功，请各行其志。'遂率众出。佥谓其战也。至阴平，以降胡烈。烈乘虚袭城，佥格斗而死，魏人义之。"《蜀记》曰："蒋舒为武兴督，在事无称。蜀令人代之，因留舒助汉中守。舒恨，故开城投降。"

其实，蜀汉到了姜维北伐之时，除带领张翼、夏侯霸、张嶷、廖化、董厥、胡济（骠骑将军，曾代王平总督汉中事）等知名将领外，还有诸多小将跟随参战。当然，这些小将肯定是官二代、官三代无疑，只不过他们父辈的名气不够大罢了，这些小将也都有着上乘表现。

《华阳国志》载，柳隐"直诚笃亮，交友居厚，达于从政。数从大将军姜维征伐，临事设计，当敌陷阵，勇略冠军。为牙门将、巴郡太守、骑都尉，迁汉中黄金围督。景耀六年（263），魏镇西将军钟会伐蜀，入汉川，围戍多下，惟隐坚壁不动。会别将攻之，不能克。后主既降，以手令敕隐，乃诣会。晋文帝闻而义之。咸熙元年，内移河东，拜议郎"。

《华阳国志》载，常勖，为广汉太守，邓艾伐蜀，诸葛瞻战败，诸县纷纷投降，独常勖率吏民固城拒守，后主檄令乃降邓艾。

《三国志·杨戏传》裴松之注引《益部耆旧杂记》载："王嗣字承宗，犍为资中人也。其先，延熙世以功德显著。举孝廉，稍迁西安围督、汶山太守，加安远将军。绥集羌、胡，咸悉归服，诸种素桀恶者皆来首降，嗣待以恩信，时北境得以安静。大将军姜维每出北征，羌、胡出马牛羊毡毦及义谷裨军粮，国赖其资。迁镇军，故领郡。后从维北征，为流矢所伤，数月卒。"

《钟会传》载，王含为监军，乐城守将，始终未被钟会攻破。

来忠，来敏之子。《来敏传》载，来忠"能协赞大将军姜维，维善之，以为参军"。

总之，蜀汉的众多官后代，没有给先人丢分丢脸，都为保卫国家、捍卫疆土，殊死战斗，直至献出了宝贵的生命。这种传承不息的忠于国家、上下一心、患难同当、福禄共享、宁死不屈、战斗到底的精神，已经成为三国文化，更是蜀汉文化的重要组成部分,为历代学者和民众所认可、所敬服。明末清初史学家姜宸英称:"赵、关、张及武侯之后先后殉国,一时君臣相得之雅,奕世(代代)犹同休戚(同喜乐同忧愁)。千载而下,为之慨慕不已。"

隐士教子　别有洞天

明末清初的文学家、诗人、隐士邱维屏，字邦士，号松下先生，"为人高简率穆"，即为人坦率端重，对己对人均要求严格，读书有悟性，以本色待人，不义之财分文不取，若急人难去千金亦不介意。视精舍裘锻如陋室鄙衣，视达官显贵与田家牧子无所不同。平时讷于言，数日对人无一语，不知道者误以为是乡间一老者而已。但遇有学问者，便与其日夜对话，娓娓不倦，讨论争辩，则高声而面红耳赤，连睡者都能被其惊醒。明亡后，与魏禧等九人，隐居在江西宁都西北的山中，取名"易堂"，躬耕垄亩，自食其力，潜心研究学问，号称"易堂九子"。有个叫无可的僧人学者曾到访"易堂"，感叹道："易堂真气，天下无两矣！""易堂"的这九个人，后来都成为了清初的著名学者。邱维屏还教授弟子，手批口讲，日夜不辍业。其著作颇丰，有《周易剿说》（十二卷），《松下集》（十二卷），《邦士文集》（十八卷）。《清史稿·邱维屏传》载，邱维屏"垂殒，示子曰：'食有菜饭，穿可补衣，无谲戾行，堪句读师。'"

即邱维屏临死前以上述"十六字诀"教导其子。

邱维屏的上述教子之言，虽语言不多，却细腻入微，又十分全面，对吃、穿、行、学等方面，都说到并且都说到位了，既有正面教诲，又有禁止事项，既温柔低调，又不失严厉，饱含了对晚辈的莫大期许与深情。尤为可贵的是，教子之言的所有要求，邱维屏自己一生都是这样做的，真可谓是先身教后言教，身教重于言教。看来，隐士就是与众不同啊，连临终教子也别有一番意境。同为"易堂九子"之一的彭士望，对邱维屏的教子之言佩服至极，称"此十六字元气包裹，令人浓心，妄想一切都尽，可为则世"。大意是这十六字，包括了人得以生存发展的所有力量，如宇宙的自然之气和人的精神精气，让人心动而不忘，可为传世之言。

笔者粗浅理解，邱维屏的上述"十六字诀"教子之言，大体上讲了三层意思。一是人的一生，温饱足矣。"食有菜饭，穿可补衣。"邱维屏作为研修《易经》的专家，说出这八个字，应该来源于《易经》之意。《易经·节卦第十六》载，"六四：安节，亨。"即安于节俭，亨通顺利。"九五：甘节，吉，往有尚。"即以节俭为乐事，可获吉祥，有所举动必将得到奖赏。强调要以俭为荣，甘之如饴，知足常乐。用布衣淡饭养身，以勤劳俭朴养心。时时刻刻保持一颗平常心，每日不过三餐，起居不过一张卧床，过分追求物资享受，是无益身心健康的。二是要走正路，不误歧途。"无谲戾行"。所谓"谲"，指诡诈、狡诈，奇异怪迹，变化多端。"戾"，指残忍，易走极端的心理和行为。"谲戾"两个字合起来，则指行为怪诞乖张，通俗地讲，就是不务正业不学好，专搞歪门邪道。邱维屏要求其子的行为，要坚决摒弃诡诈、残忍等恶劣行径，要懂规矩，讲道德，守礼数，走正路。三是读书为重，成人成才，"堪句读师"。所谓堪句，即字斟句酌。人活一生，要拜经书、典籍为师，多读书读好书，每每读书时要一字一句，细品深研，入心入脑。切不可一目十行，走马观花，稀里马虎，人云亦云，满足于大概、可能、也许而已。

吕飞鹏教子有方

清代吕贤基是吕飞鹏之子,进士出身,历任御史、给事中、鸿胪寺卿、工部侍郎等职。他"直言无隐""持正敢言,数论时政得失,多所采用"。与曾国藩、李鸿章等人交往密切。咸丰三年(1853),被派往安徽督办团练,以抗拒太平军。吕贤基驻舒城,下属报告已无兵卒增援,应弃城以图再举。吕贤基说:"奉命治乡兵杀贼,当以死报国。敢避寇幸免乎?"其担当和牺牲精神着实可嘉。后太平军攻舒城,吕贤基登城守卫,城破后自尽身死。咸丰皇帝闻讯"深悼惜之,赠尚书衔,加恩于舒城建专祠"。特谕"贤基素怀忠义,必能大节无亏"。"贤基品性端正,居官忠直,名副其实。"《清史稿·吕贤基传》载,"论曰:吕贤基以忠鲠受主知,其治兵安徽也,志欲大有所为,当残破之余,骤无藉手,仓猝殒身,文宗惜之。"

吕贤基之所以能受到朝廷的如此盛赞,很大一部分原因是其父吕飞鹏教子有方。《清史稿·吕飞鹏传》载,吕飞鹏是一名大儒,"少读《周礼》,长而癖嗜。"著有《周礼古今文义证》

（六卷）。由于学识渊博，"有争辩，一言立释。"品德高尚，"乡饥，筹粟倡赈，人多德之。""尝戒其子贤基曰：'成名易，成人难。'又曰：'言官不易为，毋陈利而昧大体，毋挟私而务高名。'"即人言为官不容易。不要因贪图钱财利益而不明白或违背更为重要的道理，不要心怀私念去追求虚妄的高名声。可以说，吕飞鹏的上述寥寥数语，言简意赅，切中要害。笔者理解，大体上说了两层意思：一是从成人与成名的难易关系讲起，阐述了人的一生，要先做人，做好人，成名不是成功的唯一标准，默默无闻的成功者同样值得推崇。二是为官者不容易，要做一名好官，必须恪守两条底线。即千万不要被利益迷住双眼，冲昏头脑，造成眼塞脑残，而不明大理、不识大体、不懂大局，甘当糊涂官；千万不要对人对事怀有私心杂念，不切实际地，千方百计地，去奢求所谓更高的名声。

名与利，历来是相辅相成的，名利双收，一直以来是好多人既定的追求目标。然而名与利，如此美好的东西却藏着诸多陷阱，走错一步往往就会步步错，甚至会万劫不复，毁掉人的一生。从古至今，为官者更是都面临着名与利的问题，而处理方式不同，其结果也是迥然不同的。这就要求为官者要正确对待和处理名与利的问题，在名与利面前，最重要的是要先看淡看轻，要学会将名利看成再平常不过的东西，名利自然也就不再是害人的猛兽了。培养和树立起不为私利、不图虚名的官品，具有像杜甫《不寝》诗中所言"莫言名与利，名利是身仇"那样的胸襟，视名利如浮云，以淡泊名利、安之若素的高尚情操，去做官做事，"为官不易为"，就会变成为官易为，得心应手。当然，也不能一概否定名与利，关键是要运用正当的手段去追求，而不是急功近利、沽名钓誉。更不能不自爱自重，不恪守廉洁品格，毫无"天知、神知、我知、你知"的敬畏之心，什么公款都敢贪，什么人送钱都敢收，什么名声都敢认下来，什么高帽都敢戴，心中有永远填不满的溪壑，如此终将导致身败名裂，虽然能积聚千金万金，恐都不足以补偿深陷牢狱的苦楚。